iwb

Forschungsberichte · Band 2

Berichte aus dem Institut für Werkzeugmaschinen und Betriebswissenschaften der Technischen Universität München

Herausgeber: Prof. Dr.-Ing. J. Milberg

Alfred Fuchsberger

Untersuchung der spanenden Bearbeitung von Knochen

Mit 90 Abbildungen und 4 Tabellen

Springer-Verlag
Berlin Heidelberg New York Tokyo 1986

Dipl.-Ing. Alfred Fuchsberger
Institut für Werkzeugmaschinen und Betriebswissenschaften (IWB), München

Dr.-Ing. J. Milberg
o. Professor an der Technischen Universität München
Institut für Werkzeugmaschinen und Betriebswissenschaften (IWB), München

ISBN-13:978-3-540-16392-3 e-ISBN-13:978-3-642-82785-3
DOI: 10.1007/978-3-642-82785-3

Gesamtherstellung: Hieronymus Buchreproduktions GmbH, München
2362/3020-543210

Geleitwort des Herausgebers

Die Verbesserung von Fertigungsmaschinen, Fertigungsverfahren und Fertigungsorganisation im Hinblick auf die Steigerung der Produktivität und die Verringerung der Fertigungskosten ist eine ständige Aufgabe der Produktionstechnik. Die Situation in der Produktionstechnik ist durch abnehmende Fertigungslosgrößen und zunehmende Personalkosten sowie durch eine unzureichende Nutzung der Produktionsanlagen geprägt. Neben den Forderungen nach einer Verbesserung von Mengenleistung und Arbeitsgenauigkeit gewinnt die Steigerung der Flexibilität von Fertigungsmaschinen und Fertigungsabläufen immer mehr an Bedeutung. In zunehmenden Maße werden Programme, Einrichtungen und Anlagen für rechnergestützte und flexibel automatisierte Produktionsabläufe entwickelt.

Ziel der Forschungsarbeiten am Institut für Werkzeugmaschinen und Betriebswissenschaften an der TU München (iwb) ist die weitere Verbesserung der Fertigungsmittel und Fertigungsverfahren im Hinblick auf eine Optimierung von Arbeitsgenauigkeit und Mengenleistung der Fertigungssysteme. Dabei stehen Fragen der anforderungsgerechten Maschinenauslegung sowie der optimalen Prozeßführung im Vordergrund. Ein weiterer Schwerpunkt ist die Entwicklung fortgeschrittener Produktionsstrukturen und die Erarbeitung von Konzepten für die Automatisierung des Auftragdurchlaufs. Das Ziel ist eine Integration der technischen Auftragsabwicklung von der Konstruktion bis zur Montage.

Die im Rahmen dieser Buchreihe erscheinenden Bände stammen thematisch aus den Forschungsbereichen des iwb: Fertigungsverfahren, Werkzeugmaschinen, Fertigungs- und Montageautomatisierung, Betriebsplanung sowie Steuerungstechnik und Informationsverarbeitung. In ihnen werden neue Ergebnisse und Erkenntnisse aus der praxisnahen Forschung des iwb veröffentlicht. Diese Buchreihe soll dazu beitragen, den Wissenstransfer zwischen dem Hochschulbereich und dem Anwender in der Praxis zu verbessern.

Joachim Milberg

V o r w o r t

Die vorliegende Arbeit entstand während meiner Tätigkeit als akademischer Rat. a.Z. am Lehrstuhl für Werkzeugmaschinen und Betriebswissenschaften der Technischen Universität München.

Herrn Prof. Dr.-Ing. Karl G. Müller, unter dessen Leitung die Arbeit begann, möchte ich für das Interesse und die kritische Durchsicht der Arbeit danken.

Herrn Prof. Dr.-Ing. Joachim Milberg, dem Leiter dieses Lehrstuhls, möchte ich für die stete Förderung und die wertvollen Hinweise zur Erstellung dieser Arbeit danken.

Des weiteren danke ich Herrn Prof. Dr. med. Wolf Müller-Limmroth, dem Leiter des Lehrstuhls für Arbeitsphysiologie, für die aufmerksame Durchsicht der Arbeit und die Übernahme des Korreferates.

Mein besonderer Dank gilt Herrn Prof. Dr. med. habil., Dr.-Ing. Michael Ungethüm für die Anregung zu dieser Arbeit, für die wertvollen Hinweise und für die stets großzügige Unterstützung der Untersuchungen. Ebenso bin ich der Fa. Aesculap AG, Tuttlingen, die die chirurgischen Geräte und die Versuchswerkzeuge zur Verfügung stellte, zu Dank verpflichtet.

Weiterhin danke ich

allen Industriefirmen und Lehrstühlen der TU und LMU München für die Bereitstellung von Meßgeräten, Versuchswerkzeugen, Rechenprogrammen und wichtigen medizinischen Informationen,

allen Mitarbeiterinnen und Mitarbeitern des Lehrstuhls, die mich bei dieser Arbeit unterstützten,

den vielen Studenten, die im Rahmen ihrer Studienarbeit bei der Durchführung der Untersuchungen mitgeholfen haben.

Alfred Fuchsberger

Inhaltsverzeichnis — Seite

0. Verwendete Kurzzeichen, Abkürzungen, Dimensionen 5

1. Einleitung 9
- 1.1. Allgemeines 9
- 1.2. Stand der Technik 10
- 1.3. Aufgabenstellung 12

2. Der Einsatz der spanenden Bearbeitung in der Knochenchirurgie 14
- 2.1. Werkzeuge und ihre Anwendungsbereiche 14
- 2.2. Gefahren und Risiken bei der Operation 17

3. Versuchseinrichtungen und Versuchsdurchführung 22
- 3.1. Allgemeines 22
- 3.2. Versuchsaufbau für die Temperaturuntersuchung 22
- 3.3. Versuchsmaschine 27
- 3.4. Versuchsdurchführung für die Temperaturuntersuchung 27
- 3.5. Meßmethode zur Bestimmung des selbsttätigen Einziehens des Spiralbohrers 29
- 3.6. Oberflächenbetrachtung mit dem Raster-Elektronen-Mikroskop 30
- 3.7. Rauheitsmessung 31

4. Versuchswerkzeuge 33
- 4.1. Spiralbohrer (Wendelbohrer) 33
- 4.2. Sägewerkzeuge 38
- 4.3. Fräswerkzeuge 40

5. Versuchswerkstoff Knochen 42
- 5.1. Allgemeines 42
- 5.2. Form und Struktur des Knochens 43

5.3. Der Knochen unter dem Raster-Elektronen-Mikroskop 45
5.4. Physikalische Materialeigenschaften von Knochen 45
5.5. Härtemessungen am Knochen 52
5.6. Temperaturbestimmung an einem Knochen 55

6. Statistische Versuchsauswertung 57
6.1. Allgemeines 57
6.2. Ermittlung der Regressionsgleichung nach der Methode der kleinsten Quadrate (MKQ) 57
6.3. Testverfahren zur Beurteilung von Regressionsgleichungen 59
6.3.1. Ausgewählte Testverfahren 59
6.3.2. F-Test zur Prüfung der Linearitätshypothese 60
6.3.3. Partieller F-Test 60
6.3.4. Bestimmtheitsmaß und Standardabweichung 60
6.3.5. Beurteilung nach der prozentualen Abweichung 61
6.4. Statistische Versuchsplanung 61
6.4.1. Faktorielle Versuchspläne 61
6.4.2. Vollständiger faktorieller Versuchsplan vom Typ 2^k 62
6.4.3. Aufsuchen optimaler Bedingungen (Box/Wilson Verfahren) 64

7. Der Zerspanprozeß in der Knochenbearbeitung 65
7.1. Spanbildung 65
7.2. Zerspankraft 67
7.3. Zerspantemperatur 73
7.4. Die Meßgrößen des Zerspanprozeßes 77
7.5. Die Werkzeuge vor und nach dem Einsatz 83

8. Ergebnisse der Zerspanungsuntersuchungen 86
8.1. Allgemeines 86
8.2. Bestimmung der schädigenden Temperatur 87

8.3. Ergebnisse bei der spanenden Bearbeitung mit Spiralbohrern 88
8.3.1. Thermisches Verhalten bei der spanenden Bearbeitung mit Spiralbohrern 88

8.3.1.1. Untersuchung der Werkzeuggeometrie 88
8.3.1.2. Untersuchung der Einsatzbedingungen 94
8.3.1.3. Vollständiger faktorieller Versuchsplan VFV 2^k 100
8.3.2. Die Bohrungsqualität 104
8.3.2.1. Maß- und Formgenauigkeit 104
8.3.2.2. Oberflächengestalt beim Bohren mit Spiralbohrern 106
8.3.3. Beurteilung des selbsttätigen Einziehens des Spiralbohrers beim Durchbohren der Kortikalis 108
8.3.3.1. Analyse des Durchbrechens des Bohrers 108
8.3.3.2. Geometrieabhängigkeit des Einziehens 111
8.3.3.3. Abhängigkeit des Einziehens von den Schnittbedingungen 115
8.3.4. Zusammenfassung der Ergebnisse von der spanenden Bearbeitung mit Spiralbohrern 118

8.4. Ergebnisse bei der spanenden Bearbeitung mit Sägewerkzeugen 120
8.4.1. Thermisches Verhalten bei der spanenden Bearbeitung mit Sägewerkzeugen 120
8.4.1.1. Untersuchung der Werkzeuggeometrie 120
8.4.1.2. Untersuchung der Einsatzbedingungen 124
8.4.2. Oberflächenqualität beim Sägen 133
8.4.2.1. Maß- und Formgenauigkeit 133
8.4.2.2. Oberflächengestalt beim Sägen 133
8.4.2.3. Rauheitsmessungen am gesägten Knochen 137
8.4.3. Zusammenfassung der Ergebnisse von der spanenden Bearbeitung mit Sägewerkzeugen 140

8.5. Ergebnisse bei der spanenden Bearbeitung mit Kugelkopf-Werkzeugen 143
8.5.1. Allgemeines 143
8.5.2. Bohren mit Kugelkopf-Werkzeugen 143
8.5.2.1. Thermisches Verhalten beim Bohren mit Kugelkopf-Werkzeugen 143
8.5.2.2. Vergleich der verschiedenen Kugelkopf-Werkzeuge 149
8.5.2.3. Oberflächengestalt beim Bohren mit Rosenbohrern 151

8.5.3. Fräsen mit Kugelkopf-Werkzeugen 153
8.5.3.1. Thermisches Verhalten beim Fräsen mit Rosenbohrern 153
8.5.3.2. Oberflächengestalt beim Fräsen mit Rosenbohrern 157
8.5.4. Vergleich des Rosenbohrers beim Bohren und Fräsen 160
8.5.5. Zusammenfassung der Ergebnisse von der spanenden Bearbeitung mit den Kugelkopf-Werkzeugen 162

9. Zusammenfassung 164

10. Literaturverzeichnis 168

0. Verwendete Kurzzeichen, Abkürzungen und Dimensionen

a	m^2/h	Temperaturleitzahl
a	mm	Schnittiefe
a	-	Größe der unteren Stufe bei einem Versuchsplan = "-"
a	-	Konstante
A	-	Punkt des Endanschlages des Bohrschlittens
b	m/s^2	Beschleunigung
b	mm	Spanungsbreite
b	mm	Sägeblattbreite
b	-	Größe der oberen Stufe bei einem Versuchsplan = "+"
b	Ws/Km^2	Wärmeeindringfähigkeit
b	-	Konstante
B	%	Bestimmtheitsmaß
c	J/kgK	spezifische Wärme
c	mm	Länge der Spiralbohrerspitze
c_{ii}	-	Diagonalelemente einer Matrix
d	mm	Werkzeugdurchmesser
d	-	Schätzwert für Regressionskoeffizienten
e	-	Schätzwert für Abweichungen
E	Nms	Rotationsenergie
f	mm	Vorschubweg
f, f_1, f_2	-	Freiheitsgrad
F	N	Kraft
F	N	Zerspankraft
F	-	Prüfgröße für F-Test
F_c	N	Schnittkraft
F_{cg}	N	experimentell gemessene Schnittkraft
F_{cth}	N	theoretisch berechnete Schnittkraft
F_E	N	Einziehkraft
F_f	N	Vorschubkraft
F_{fges}	N	Gesamtvorschubkraft
F_{fQ}	N	Anteil der Vorschubkraft der Querschneide
F_{fS}	N	Anteil der Vorschubkraft der Hauptschneiden
$F_{fS'}$	N	Anteil der Vorschubkraft der Nebenschneiden

F_p	N	Passivkraft
h	mm	Spanungsdicke
h_1	mm	Spandicke
H	mm	Zahnhöhe
H	mm	Ganghöhe
i	-	Index für Versuchsplanpunkt
j	-	Index für Versuchswiederholung an Versuchsplanpunkt
J	Nms^2	Massenträgheitsmoment
k	mm	Kerndicke
k	-	Anzahl der unabhängigen Variablen
$k_{c1.1}$	N/mm^2	spezifische Hauptschnittkraft
$k_{f1.1}$	N/mm^2	spezifische Vorschubkraft
l	-	Anzahl der transformierten unabhängigen Variablen
l_e	mm	Einzelmeßstrecke zur Ermittlung der gem. Rauhtiefe
l_m	mm	Gesamtmeßstrecke zur Ermittlung der gem. Rauhtiefe
m	kg	Masse
m_c	-	Exponent für die Schnittkraft
m_f	-	Exponent für die Vorschubkraft
M_d	Nm	Drehmoment
MK	-	Korrekturmatrix
MKQ	-	Methode der kleinsten Quadrate
MZ	-	Matrix der Funktionsvektoren
n	U/min	Drehzahl
n	-	Anzahl der Versuchsplanpunkte
N	-	Gesamtzahl der Versuche
p	-	Grad eines Polynoms
P	%	Statistische Sicherheit
q	W	Wärmestrom
Q	J	Wärmemenge
Q	-	Punkt, in dem die Querschneide des Spiralbohrers außer Eingriff kommt
R	-	Index für Regressionsergebniswert
R_t	µm	Rauhtiefe
R_Z	µm	gemittelte Rauhtiefe
s	mm	Sägeblattrückendicke
s	-	Schätzwert für die Standardabweichung

s^2	-	Schätzwert für die Varianz
S	-	Punkt des Schneideneckenaustrittes
SNP	-	Summe der Abweichungen der Meßwerte von den Regressionswerten, die durch eine nichtpassende Regressionsgleichung verursacht wird $SNP = \sum_{i=1}^{n} (y_{vi} - \bar{y}_i)^2 \cdot n_i \quad \text{mit} \quad f = n - (l + 1)$
SRS	-	Summe der Abweichungen der Meßwerte von den Regressionswerten, die durch Versuchsstreuung verursacht werden $SRS = \sum_{i=1}^{n} \sum_{j=1}^{n_i} (y_{ij} - \bar{y}_i)^2 \quad \text{mit} \quad f = N - n$
t, t_v	s	Zeit Schnittzeit
t	-	Prüfgrößefür t-Test
t_q	-	Anzahl der Stufen des q-ten Faktors
T	°C	Temperatur
T_{GL}	°C	Grenztemperatur für Auftreten einer Hitzenekrose
T_S	°C	schädigende Temperatur
T_V	°C	Temperatur aus den Versuchen
T_{WS}, T_{WZ}	°C	Temperatur im Werkstück (WS) bzw. im Werkzeug (WZ)
TFV	-	teilweise faktorieller Versuchsplan 2^{k-p}
v_c	m/min	Schnittgeschwindigkeit
v_f	m/min	Vorschubgeschwindigkeit
V	-	Vergrößerung
V_{ZL}	mm^3	Zahnlückenraum, Spanraum
VFV	-	vollständiger faktorieller Versuchsplan 2^k
w	mm	Schränkung der Sägezähne
$w_{re,li}$	mm	rechte bzw. linke Schränkung der Sägezähne
W_B	Nm	Bohrarbeit
W_{FA}	Nm	Reibarbeit der Fasen des Spiralbohrers an der Bohrlochwand
W_{FF}	Nm	Reibarbeit an der Freifläche
W_{SF}	Nm	Reibarbeit an der Spanfläche

W_{SP}	Nm	Reibarbeit der Späne an der Bohrungswand
W_{TR}	Nm	Trennarbeit
W_V	Nm	Verformungsarbeit
WS	-	Werkstoff
x	-	unabhängige Variable, Faktor, Eingangsgröße
y	-	abhängige Variable, Ausgangsgröße
z	-	transformierte, unabhängige Variable
z	-	Anzahl der Schneiden
z_A	-	Anzahl der Ausbuchtungen
α_o	Grad	Freiwinkel im Orthogonalschnitt
α_f	Grad	Seitenfreiwinkel
β_o	Grad	Keilwinkel im Orthogonalschnitt
β_f	Grad	Seitenkeilwinkel
γ_o	Grad	Spanwinkel im Orthogonalschnitt
γ_f	Grad	Seitenspanwinkel = Drallwinkel bei unkorrigierter Hauptschneide
ε	-	Erwartungswert der Abweichung e
η	Grad	Wirkrichtungswinkel
η	-	Erwartungswert der abhängigen Variablen y
ϑ	-	Erwartungsert des Regressionskoeffizienten d
$\varkappa_r$	Grad	Einstellwinkel
λ_s	Grad	Neigungswinkel
λ_f	Grad	Seitenneigungswinkel
λ	W/mK	Wärmeleitzahl
μ	-	Mittelwert der Grundgesamtheit
ξ	-	Abweichung der Vorhersage vom Meßwert
π	-	3,14159
ρ	kg/m^3	Dichte
σ	Grad	Spitzenwinkel
σ^2	-	Varianz, Streuung
ω	rad/s	Winkelgeschwindigkeit

1. Einleitung

1.1. Allgemeines

Der Einsatz von Werkzeugen in der Medizin zur spanenden Bearbeitung von Knochen ist schon lange bekannt. Trepanationen sind schon in der Jungsteinzeit mit einfachsten Werkzeugen mit Erfolg durchgeführt worden /17/. Die Einführung der Antisepsis gab der Chirurgie und der Osteosynthese neue Impulse /7/. Aber erst mit der Gründung der Arbeitsgemeinschaft für Osteosynthese (AO) im Jahre 1958 beginnt in Europa ein großer entscheidender Durchbruch der Osteosynthese und damit der spanenden Bearbeitung von Knochen.

Es kommen die Bearbeitungsverfahren Bohren, Sägen, Fräsen und Schleifen zur Anwendung. Die Haupteinsatzgebiete sind die verschiedenen Osteosyntheseverfahren, die Osteotomie, das Öffnen der Schädelkalotte und das Abtragen von Knochenpartien. Bei der spanenden Bearbeitung von Knochen treten verschiedene Gefahren auf. Maßgenauigkeit und Oberflächengüte bilden notwendige Kriterien für die Funktionserfüllung. Späne, Mikrofrakturen und Risse können zu Infektionen und Heilverzögerungen führen. Dieselben Auswirkungen zieht eine Weichteilverletzung bei einem unkontrollierten Ausbrechen des Spiralbohrers nach sich. Die Umwandlung fast der gesamten Zerspanungsenergie in Wärme führt zu einer Temperaturerhöhung im Knochen. Dies kann eine thermische Schädigung nach sich ziehen, weil das Gewebe bei Temperaturen über 60 °C irreversibel zerstört wird. Durch die irreversible Schädigung des Knochengewebes wird die Regenerationsfähigkeit des Knochens durch Zerstörung des osteogenetischen Materials herabgesetzt.

Mit dem Einsatz von elektrischen und pneumatischen Antrieben wird den Operateuren die Arbeit erheblich erleichtert. Die Werkzeuge sind allerdings größtenteils aus der Metall- oder Holzbearbeitung übernommen und somit den gegebenen Umständen nicht optimal angepaßt. Es bestehen nur wenige grundlegende Arbeiten auf diesem interdisziplinären Gebiet zwischen Medizin und Technik, auf denen die Werkzeugentwicklung aufbauen kann.

1.2. Stand der Technik

Die Werkzeuge und Bearbeitungsmethoden sind zum Teil von gängigen technischen Verfahren übernommen und nicht dem besonderen Werkstoff Knochen angepaßt. Schon frühzeitig wurde auf mögliche Schädigungen des Knochen hingewiesen /36/, aber nur wenige systematische Untersuchungen wurden durchgeführt. Als erstes untersuchte Block /10/ die Hitzeschädigung des Knochens durch Bohren und Sägen. Er hat auf die Herabsetzung der Infektionsabwehr des Knochens nach einer spanenden Bearbeitung hingewiesen. Danach beschäftigten sich hauptsächlich Zahnmediziner mit der Temperaturentwicklung beim Bohren in Abhängigkeit von Schnittgeschwindigkeit, Kühlung und Werkzeugverschleiß /21/.

Erst Matthews und Hirsch /57/ beschäftigten sich mit der Temperaturermittlung beim Bohren von Knochen. Sie bestimmten die Temperatur und ihre Einwirkdauer im Knochen in Abhängigkeit von Vorschubkraft, Werkzeugverschleiß und Kühlung. Durch ihre Untersuchungen wiesen sie darauf hin, daß bei unsachgemäßem Einsatz der Spiralbohrer eine Hitzeschädigung des Knochens nicht auszuschließen ist.

Intensiver beschäftigten sich Jacob et al. /40,41/ mit der spanenden Knochenbearbeitung aus rein technischer Sicht. Ausgehend von orthogonalen Zerspanversuchen wollten sie optimale Schnittparameter und Grundlagen für eine Anwendung empirischer Gleichungen aus der Metallzerspanung auf die Knochenbearbeitung ermitteln. Durch Ermittlung der Bohrenergie bei einigen Spiralbohrern und durch einen Vergleich mit den theoretisch gewonnenen Werten geben sie Empfehlungen für die spanende Knochenbearbeitung. Wiggins und Malkin /100/ ermittelten bei ihren Versuchen das Drehmoment für die Bestimmung der spezifischen Schneidenergie in Abhängigkeit von verschiedenen Bohrertypen. Ihre Ergebnisse, daß die Bohrleistung vor allem von der Bohrergeometrie und dem Vorschub abhängig sind, decken sich mit den Erkenntnissen aus der Metallzerspanung.

Im deutschen Sprachraum führten Eichler /20,21/ und Berg /6/ thermometrische Untersuchungen beim Bohren von Knochen durch. Sie untersuchten verschiedene medizinische Bohrwerkzeuge hinsichtlich Bohrtemperatur und Bohrleistung und verglichen sie mit HSS- und Hartmetallbohrern aus der Metallbearbeitung. Die

Temperaturmessungen führten sie mit drei Mantelthermoelementen durch, die sie bis auf 0,5 mm an das Bohrloch heranführten. Ein Zusammenhang zwischen der ermittelten Temperatur und den untersuchten Parametern konnte wegen der großen Streubreite nicht angegeben werden. Die Bohrleistung, von ihnen als Bohrzeit pro Bohrweg angegeben, mit kleinerwerdendem Spitzenwinkel, größerwerdendem Drallwinkel, steigender Vorschubkraft und Schnittgeschwindigkeit ab.

Eitenmüller u.a. /22/ führten Bohrversuche an Schäferhunden mit Temperaturmessung und postoperativer histologischer Auswertung durch. Es ergab sich bei ihnen eine signifikante Temperaturerniedrigung des Bohrers mit Vorschubkrafterhöhung und Kühlmitteleinsatz. Auch besaß ein stumpfer verschlissener Bohrer immer ein höheres Temperaturniveau. Die histologische Auswertung zeigte, daß bei Proben mit einer Temperatur über 60 °C und höher eine sehr viel stärkere Umbautätigkeit vorhanden war. Dies führten sie auf eine thermische Schädigung zurück.

Davis et al. /15/ ermittelten mit Hilfe orthogonaler Zerspanversuche die knochenspezifischen Schnittkraftwerte und Konstanten, um eine aus der Metallbearbeitung bekannte Gleichung zur Berechnung der Vorschubkraft anwenden zu können. Aus dem zweiten Teil ihrer Arbeit, der Temperaturuntersuchung beim Bohren menschlicher Knochen, ergab sich eine sichere Aussage über die Abhängigkeit des Vorschubs vom Spitzenwinkel. Dieser experimentelle Zusammenhang konnte durch die analytische Beziehung bestätigt werden. Saha et al. /76/ entwickelten durch ein intensives Literaturstudium der bisherigen Arbeiten auf dem Gebiet der Knochenbearbeitung hinsichtlich Temperaturentwicklung und Vorschubkraft eine neue Spiralbohrergeometrie. Durch einige gezielte Versuche stellten sie ein um 40 % - 50 % günstigeres Temperaturverhalten gegenüber den bisherigen medizinischen Spiralbohrern fest.

Kirschner et al. /43/ führten Temperaturuntersuchungen mit Bohrern und Fräsen mit innenliegenden Kühlkanälen durch, bei denen die Temperatur mit Thermoelementen gemessen wurde. Durch einen Kühlmitteleinsatz soll die Temperatur nicht über 50 °C steigen und somit keine Hitzenekrose auftreten. Lentrodt und Bull /52/ untersuchten die Knochenregeneration beim Bohren mit Rosenbohrern am Unterkiefer von Hunden. Sie ermittelten, daß die Knochenschädigung von der Drehzahl abhängig ist; auch durch Einsatz einer Kühlung läßt sich bei sehr hohen Drehzahlen eine schlechte Knochenneubildung nicht verhindern. Auch Fister und Gross /26/ führten eine histologische Bestimmung der Knochenregeneration beim Arbeiten mit Hartmetallkugelkopffräsern am Kieferknochen von Hunden durch. Sie fanden eine verzögerte Knochenneubildung beim Arbeiten ohne Kühlung gegenüber einem Arbeiten mit Kühlung.

Mit dem Sägen von Knochen beschäftigte sich Ludewig /54/. Er ermittelte die Temperatur durch Thermocolorfarben auf der Säge bei der Knochenbearbeitung. Die Wärmeentwicklung bei den untersuchten Sägetypen unterscheidet sich nur unwesentlich. Bei Verwendung eines Kühlmittels ergaben sich bei Ludewig Temperaturen unter 60 °C. Beim Sägen unter operationsmäßigen Bedingungen, die er am normal durchbluteten Femur eines narkotisierten Schafes durchführte, lag der Mittelwert der thermoelektrisch gemessenen Temperaturen (Thermoelement an Säge angelötet) bei 68,5 °C. Beim Anlegen einer Blutleere ergaben sich um 10 % höhere Werte.

Krause et al. /47/ arbeiteten auf dem Gebiet des Fräsens und Sägens von Knochen. Sie ermittelten die Temperaturentwicklung bei zwei Fräsern in Abhängigkeit von zwei Schnittgeschwindigkeiten und jeweils drei verschiedenen Vorschüben und jeweils vier Schnittiefen. Die Temperatur nimmt mit steigendem Vorschub ab und mit größerer Schnittiefe zu. Beim Sägen ermittelten sie einen Einfluß der Schneidengeometrie und der Kühlung auf die Temperatur im Knochen. Ohne Kühlung ergaben sich beim Sägen Temperaturen, die eine Hitzeschädigung nach sich ziehen. Der klinische Test während einer Gelenktotaloperation ergab eine Temperatur über 200 °C ohne Kühlung.

1.3. Aufgabenstellung

Gegenstand dieser Untersuchungen ist die Erarbeitung von Grundlagen der spanenden Knochenbearbeitung. Ausgehend von den Untersuchungsmethoden und Forschungsergebnissen aus der Metallbearbeitung soll der Zerspanprozeß am Knochen näher analysiert werden. Diese Untersuchungen müssen unter Berücksichtigung der Randbedingungen der Medizin und der Übertragbarkeit auf die Situation im Operationsaal erfolgen. In der spanenden Knochenbearbeitung muß von andersgearteten Grundsätzen als in der Metallbearbeitung ausgegangen werden. Im Vordergrund steht die Vermeidung der thermischen und mechanischen Schädigung des Knochens, eine leichte Handhabung der Werkzeuge durch den Operateur und eine Ausbildung optimaler bearbeiteter Flächen. Diese Punkte sind Voraussetzung für einen günstigen Heilungsprozeß.

Auf dem Gebiet der spanenden Bearbeitung von Knochen sind kaum systematische und umfangreiche Untersuchungen durchgeführt worden. In dieser Arbeit soll die Bearbeitung von Knochen mit Spiralbohrern, Sägewerkzeugen und Fräswerkzeugen untersucht werden. Um genauere Kenntnisse über den Zerspanprozeß zu erhalten, wird er bzgl. Spanbildung, Zerspankraft, Zerspantemperatur und weiterer Größen am Beispiel des Bohrens von Knochen näher betrachtet. Aufbauend auf diese Ergebnisse kann der Zerspanprozeß optimiert werden.

Die spanende Bearbeitung wird von vielen Faktoren beeinflußt. Diese Faktoren beziehen sich im wesentlichen auf den zu bearbeitenden Werkstoff, die Handhabung, die Schnittbedingungen und auf die eingesetzten Geräte wie z.B. Werkzeuge und Antriebseinheiten. In Abhängigkeit von diesen Parametern ergibt sich durch die Bearbeitung ein Istzustand, der sich vom optimalen Sollzustand stark unterscheiden kann. Hier in dieser Arbeit soll die thermische Belastung, die Oberflächenausbildung des Knochens sowie das Einziehverhalten des Spiralbohrers beim Durchbruch durch die Kortikalis untersucht werden. Diese Größen werden in Abhängigkeit von den wesentlichen Einflußparametern untersucht. Damit soll eine thermische Schädigung, eine Infektionsgefahr durch Späne und eine Weichteilverletzung vermieden werden. Die Handhabung der Werkzeuge soll darüber hinaus für den Operateur erleichtert werden.

2. Der Einsatz der spanenden Bearbeitung in der Knochenchirurgie.

2.1. Werkzeuge und ihre Anwendungsbereiche

Die spanende Knochenbearbeitung findet in der Medizin ein weitverbreitetes Einsatzgebiet. Vor allem durch die Anwendung elektrischer oder pneumatischer Antriebseinheiten wird dem Operateur die Arbeit sehr erleichtert. Es ist deshalb möglich, Operationen mit neuen Techniken und neuen Werkzeugen zu entwickeln. In der Medizin kommen die spanenden Bearbeitungsverfahren Bohren, Sägen, Fräsen und Schleifen zum Einsatz.

Das Bohren ist ein spanendes Fertigungsverfahren mit rotatorischer Schnittbewegung und translatorischer Vorschubbewegung in Bohrerlängsachse zum Herstellen von Löchern in festem Material. Dabei werden vom Bohrer mehrere Funktionen erfüllt, Eindringen in den Werkstoff, Zerspanen, Abtransportieren der Späne und Fertigen immer gleicher Lochdurchmesser. Zu den Einsatzgebieten der Bohrwerkzeuge in der Knochenchirurgie zählen im wesentlichen die verschiedenen Osteosyntheseverfahren, die Meißelosteotomie, die Fixierung von Bandplastiken, die Oberflächenvergrößerung zur besseren Fixierung von Implantaten und die Entnahme von Knochenproben. Mit Spiralbohrern werden Durchgangs- und Sacklöcher in alle drei Knochentypen, Röhrenknochen, kurze Knochen und platte Knochen, gebohrt. Die Einsatzgebiete umfassen somit orthopädische Operationen, sowie kiefer- und neurochirurgische Eingriffe.

Zu den Hauptanwendungsgebieten der Spiralbohrer gehören die verschiedenen Osteosyntheseverfahren. Dies sind:

- Interfragmentäre Verschraubung,
- Plattenosteosynthese,
- Spickdrahtosteosynthese,
- Zuggurtung,
- Intramedulläre Kraftträger,
- Fixateur externe,
- Verbundosteosynthese.

Durch eine Osteosynthese wird der Knochen nach einer Fraktur unter Kompression und in Ruhestellung frei von äußeren Kräften mittels Platten und Schrauben anatomisch exakt repositioniert. So wird durch die Erhaltung der Blutzirkulation in den Knochenfragmenten und durch die Vermeidung von Immobilisierungsschäden eine optimale Ausheilung erzielt /62/. Dies gewährt eine schnelle Wiederherstellung der vollen Funktion der verletzten Extremität und reduziert die Dauer des Krankenhausaufenthaltes.

Im Bild 2.1 sind einige Beispiele der Osteosyntheseverfahren dargestellt. Das erste Beispiel (a) zeigt die Anwendung einer interfragmentären Kompression. In diesem Beispiel wird durch zwei Spongiosaschrauben die gesamte Frakturfläche unter Druck fixiert. Im zweiten Beispiel (b) wird der nötige Druck mittels Kortikalisschrauben aufgebracht. Die Schrauben sind derart angeordnet, daß die interfragmentäre Kompression möglichst flächenhaft erfolgt. Das dritte Beispiel (c) zeigt die Anwendung der axialen Kompression nach dem Zuggurtungsprinzip. Durch ein exzentrisches Einsetzen der Schrauben mit ihren konischen Köpfen in die Löcher der Platte wird diese unter hohe Zugspannung gebracht. Über diese Zugspannung wird die axiale Kompression erzielt. Das letzte Beispiel (d) zeigt die Anwendung eines Fixateure externe. Bei dieser Methode wird die Kompression über das äußere System auf die Frakturfläche aufgebracht.

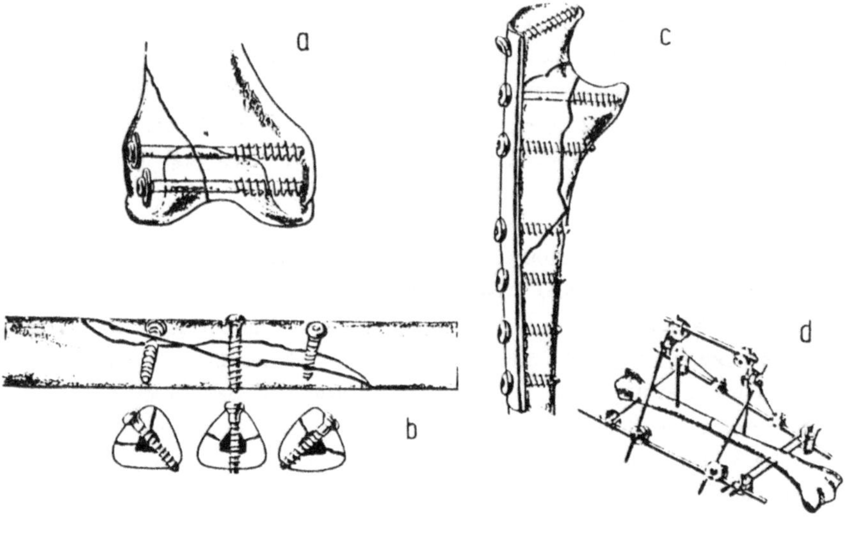

Bild 2.1 Einige Beispiele der Osteosyntheseverfahren /62,93/

Das Sägen ist ein spanendes Fertigungsverfahren mit einer rotatorischen oder translatorischen Schnittbewegung mit einem vielzahnigen Werkzeug von geringer Schnittbreite. Die Hauptanwendungsgebiete der Sägen in der Knochenchirurgie sind die Osteotomie, die Teilresektion und alle Eingriffe, die ein Durchtrennen des Knochens erfordern. Die verschiedenen Sägetypen beruhen alle auf dem Prinzip, daß durch eine sehr schnelle oscillierende Bewegung der Knochen durchtrennt wird. Die Einsatzgebiete der verschiedenen Knochensägen sind sehr vielseitig und überschneiden sich.

Unter der Ostetomie versteht man das operative Durchtrennen des Knochens. Zur Korrektur von Achs- und Drehfehlern wird der lange Röhrenknochen durchtrennt. Wenn nötig wird dabei ein Knochenkeil entnommen. Anschließend werden die beiden Knochenfragmente nach erfolgter Korrektur durch eine stabile Osteosynthese wieder miteinander verbunden. Die Osteotomie wird hauptsächlich vorgenommen, um günstigere Belastungsverhältnisse für die Gelenke zu erzielen. Durch die Osteotomie kann der Einsatz eines künstlichen Gelenkersatzes erspart oder wenigstens zeitlich verzögert werden.

Das Fräsen ist ein spanendes Fertigungsverfahren mit rotatorischer Schnittbewegung und beliebiger, quer zur Drehachse liegender Vorschubbewegung. Zu den Einsatzgebieten der Fräser in der Knochenchirurgie zählen die Gelenkendoprothetik, die Verschraubungen, das Eröffnen der Schädelkalotte und allgemein das Abtragen von Knochenpartien. So vielfältig wie ihre Anwendungsfälle sind auch die Fräswerkzeuge.

So dient z.B. der Acetabulumfräser, der Hüftkopffräser und der Metatarsalfräser zur genauen Abbildung ihrer Form auf den Knochen. Der Lindemannfräser und die Kugelkopfbohrer sind dagegen universell einsetzbar. Deren Hauptanwendungsgebiete liegen in der HNO-Chirurgie und der Zahn- bzw. Kieferchirurgie. Mit deren Hilfe werden Geschwülste bzw. Tumore freigelegt und entfernt, Zugang zu Knochenhohlräumen geschaffen und Knochenpartien abgetragen. Diese Werkzeuge werden auch zum Fertigen sehr genauer Bohrungen in der Medizin empfohlen.

Neben diesen Werkzeugen gibt es noch einen Spezialknochenfräser und den Diamantbohrer, bei denen die Schneidenflächen mit Diamantpartikeln beschichtet sind. Dies entspricht dem Spanen mit geometrisch unbestimmter Schneidengeometrie (Schleifen). Diese Werkzeuge haben dieselben Einsatzgebiete wie der Lindemannfräser und die Kugelkopfbohrer.

2.2. Gefahren und Risiken bei der Operation

Das erfolgreiche Gelingen eines operativen Eingriffes mit spanenden Werkzeugen ist von verschiedenen Risiken abhängig. Dies sind:

- Schwächung des Knochens,
- Probleme mit den Hilfsinstrumenten,
- Nichterfüllung der Qualitätsanforderungen,
- Infektionsgefahr,
- Gewebeschädigung.

Der erste Punkt, die Schwächung des Knochens, wird nur gering vom Zerspanprozeß beeinflußt. Anzahl, Größe, und Abstand der Bohrlöcher bestimmen die Schwächung des Knochens und besitzen eine Kerbwirkung. So kann eine zu starke Perforation des Knochens zu einer Zweitfraktur an seiner schwächsten Stelle führen.

Beim Einsatz von spanenden Werkzeugen in der Medizin gelangen verschiedene Hilfsinstrumente zur Anwendung. Es handelt sich dabei hauptsächlich um Führungshülsen für den Bohrer und Führungslineale bzw. -kurven für die Säge, die ein gezieltes Arbeiten ermöglichen bzw. einen Schutz für das Weichteilgewebe darstellen. Die Berührung zwischen Werkzeug und Hilfsinstrument führt zum schnelleren Verschleiß des Werkzeuges und dadurch zu einer Verschlechterung des Zerspanvorganges. Weiterhin können Metallspäne in die Operationswunde gelangen. Durch die Reibpaarung Stahl auf Stahl kommt es zu einer Reibungswärme, die eine zusätzliche Temperaturerhöhung im Werkzeug zur Folge hat. Dies wirkt sich ungünstig auf die Temperaturbelastung im Knochen aus, wie später gezeigt wird.

Die Qualitätsanforderungen an die Bearbeitung unterliegen funktionell bedingten Unterschieden. So muß z.B. eine Bohrung für einen Steinmann-Nagel beim Fixateur externe eine andere Qualität aufweisen als eine Bohrung für eine Meisselosteotomie. Die wichtigsten Qualitätskriterien für die Bearbeitung sind die Maßgenauigkeit, die Oberflächengüte und eine eventuelle Gewebeschädigung so-

sowie bei mehreren Bohrungen die Lage der einzelnen Bohrungen zueinander. So können präziseste Einzelbohrungen bei falscher Lage zueinander den Erfolg einer Plattenosteosynthese aufs stärkste gefährden. Eine falsche Lage ergibt sich durch schlechte Zentrierbarkeit und Verlaufen des Bohrers auf der Knochenoberfläche.

Da es sich beim menschlichen Knochen um lebendes und dauernd im Umbau befindliches Gewebe handelt, muß bei der Beurteilung einer bearbeiteten Fläche zwischen ihrer primären Qualität, dem Zustand unmittelbar im Anschluß an die Bearbeitung, und der sekundären Qualität, den Veränderungen durch biologische Heilungs- und Anpassungsvorgänge im Anschluß an die Bearbeitung, unterschieden werden.

Die primäre Qualität wird am stärksten durch die Maßgenauigkeit und Oberflächengüte beeinflußt. Beim Einsatz eines Bohrers mit Seitenschlag oder eines ungenau angeschliffenen Bohrers wird das Bohrloch zu groß. Ein verschlissener Bohrer erzeugt eine weniger gute Oberfläche und neigt wegen der benötigten höheren Vorschubkraft wie ein dünner und langer Bohrer zum Verlaufen im Knochen. In den Fällen kann kein exakter und fester Sitz der Schrauben und Steinmann-Nägel gewährleistet werden. Dies ist aber für eine gute Ruhigstellung der Fraktur und dem Aufbringen der nötigen Kompression von größter Wichtigkeit. Ein Verlaufen des Längsschnittes bei der Osteotomie stellt die gewünschte Korrektur um den geforderten Winkel in Frage. Ein verlaufener Sägeschnitt und eine schlechte Oberflächengüte führt zu einer Vergrößerung des Osteotomiespaltes, welches die Gefahr einer Verzögerung der Heilung und die Bildung einer Pseudarthrose in sich birgt.

Die sekundäre Qualität wird durch die Reaktion des Knochengewebes auf die spanende Bearbeitung geprägt. Dabei spielt eine eventuelle Gewebeschädigung eine entscheidende Rolle. Durch mechanische und thermische Schädigung des Knochengewebes und durch eine Weichteilverletzung können Knochenpartien an der bearbeiteten Fläche absterben (s.u.). Bei der Heilung von Frakturen und Osteotomien spielt sich ein Wettlauf zwischen zwei gegensätzlichen Vorgängen ab, nämlich der Resorption von nekrotischem Gewebe und der Substitution desselben durch neugebildeten Knochen. Eine Wärmeeinwirkung beeinflußen diesen Wettlauf zugunsten der Resorption /54/. Eine Resorption um 10 - 20 µm ergibt einen Druckabfall auf Null im Osteotomiespalt /14/. Dies bedeutet, daß sich eine primär hohe Qualität sekundär ungünstig verändern kann. Es kann damit durch den Knochenabbau zu ähnlichen Problemen kommen, wie bereits bei der primären Qualität besprochen.

Bei der Infektionsgefahr kann von zwei Grundsätzen ausgegangen werden: ohne Keime keine Infektion und avitales Gewebe begünstigt die Infektion /99/. Bei den Operationen sollte deshalb auf eine größtmögliche Keimfreiheit geachtet werden; denn ein avitales Gewebe ist ein guter Nährboden für Keime. Beim avitalen Gewebe handelt es sich in erster Linie um das durch die spanenden Werkzeuge entstandene Knochenmehl, Knochenspäne oder ausgebrochene Knochenpartikel. Diese Teilchen sollten möglichst vollständig aus der Operationswunde entfernt werden. Auch Hitzenekrosen und Weichteilverletzungen, welche Knochenpartien von ihren nährenden Blutgefäßen trennen, führen zu avitalen Gewebe.

Die sekundäre Qualität einer bearbeiteten Fläche wird entscheidend von eventuellen Gewebeschädigungen beeinflußt. Beim Einsatz von spanenden Werkzeugen in der Medizin treten mechanische und mehr oder weniger große thermische Gewebeschädigungen auf. Die mechanische Schädigung der Knochenzellen und Interzellularsubstanz entsteht durch das Eingreifen der Werkzeugschneide in den Knochen. Dies kann nicht vermieden werden, da bei der Zerspanung Knochenmaterial abgespant werden muß. Jedoch bei einem unsachgemäßen Einsatz des Werkzeuges kann es zum Herausbrechen von Knochenstücken oder zur Bildung von Rissen und Mikrofrakturen kommen. Dies kann durch Störung der nährenden Blutversorgung zu Komplikationen oder zur Verzögerung der Heilung führen.

Bei der spanenden Bearbeitung von Knochen kann es auch zu einer Schädigung von Weichteilgeweben kommen /60/. Dies gilt besonders für den Bohrer, der mit den Schneidkanten die vor und jenseits des Knochens liegenden Wundweichteile erfassen und um sich herumwickeln und damit aus dem Gewebezusammenhang herausreißen kann. Dies gilt insbesondere für die meist besonders wichtigen faser- bzw. strangartigen Gebilde, wie Muskelfasern, Sehnen, Blutgefäße und vor allem Nerven. An der Einbohrstelle kann das Gewebe durch Bohrbuchsen und Gewebeschutzhülsen und mit Haken und Knochenhebeln, mit denen das Weichteilgewebe aus dem Gefahrenbereich gebracht wird, geschützt werden. Zum Schutz der Weichteile jenseits des Knochens darf der Bohrer beim Durchbrechen nicht einhaken und sich selbst hineinziehen. Dies kann zu erheblichen Komplikationen und Heilungsverzögerungen führen.

Die thermische Schädigung des Knochens resultiert aus der Umwandlung fast der gesamten für den Zerspanprozeß benötigten Energie in Wärme. Dies führt zu einer Temperaturerhöhung im Knochen. Die hitzeempfindlichen Strukturen des Knochengewebes sind die Eiweiße und die Enzyme, oder auch mineralische Bestandteile wie Hydroxylapatit, werden ab einer bestimmten Temperatur irreversibel geschädigt.

Ein Temperaturanstieg von 5 °C kann bereits eine Denaturierung des Enzyms zur Folge haben /51/. Bei einer Temperatur von 56 °C denaturieren die meisten Proteine und bei 60 °C das Säugetierkollagen /33/. Die irreversible Schädigung der Eiweißstrukturen hängt außer von der Temperaturhöhe auch vom pH-Wert des Gewebemilieus und vor allem von der Dauer der Wärmeeinwirkung ab. Hamperl /32/ gibt zum Entstehen von Gewebeverbrennungen folgende Mindestzeiten mit den dazugehörigen Temperaturen an: 65 °C - 2 sec, 60 °C - 5 sec, 58 °C - 10 sec und 50 °C - 5 min.

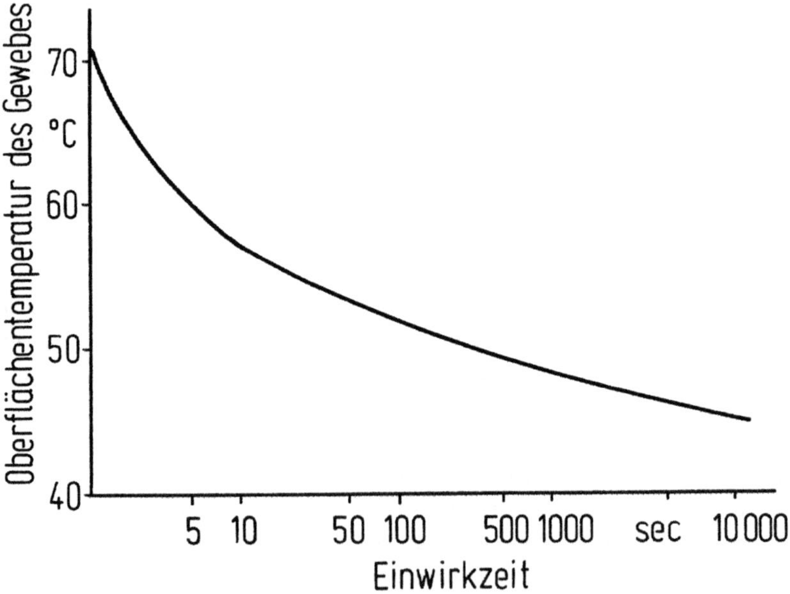

Bild 2.2 Auftreten von Hitzenekrosen in Abhängigkeit von Temperatur und Einwirkungszeit (nach Lundskog /55/)

Im Bild 2.2 ist das Auftreten der Hitzenekrose in Abhängigkeit von Temperatur und ihrer Einwirkzeit graphisch dargestellt. Aber auch noch niedrigere Temperaturen führen zur Schädigung vieler Gewebefunktionen. So kann nach der Meinung von Haase /30/ der im Augenblick des Knochenbruchs nachzuweisende Temperaturanstieg um etwa 8 °C, also auf 45 - 46 °C, zu Knochennekrosen führen. Danis /14/ wies die Störung der Regenerationsfähigkeit hitzegeschädigter Knochen experimentell nach, bei Abtötung des Gewebes durch Erhitzen fehlte die Osteogenese.

Bei der Denaturierung wird das Eiweißmolekül aus seiner geordneten Struktur in einen ungeordneten Zustand überführt /33/. Unversehrtes Kollagen ist aber zur Knochenverkalkung notwendig, denn Kollagen dient aufgrund seiner spezifischen molekularen Struktur als Katalysator der Kristallisation, der Knochenverkalkung. Wenn diese Struktur gestört ist, kommt es zur erheblichen Störung der Knochenneubildung.

Man kann also davon ausgehen, daß bei einer Temperatur zwischen 46 °C und 60 °C am Knochengewebe auch nach kurzer Einwirkzeit eine Zellschädigung der für die Osteogenese wichtigeren Zellen entsteht. Diese thermische Schädigung behindert die Knochenregeneration und hat neben der Begünstigung der Resorption eine Verzögerung der Heilung zur Folge.

3. Versuchseinrichtungen und Versuchsdurchführung

3.1. Allgemeines

Für die verschiedenen Untersuchungen wurden unterschiedliche Versuchs- und Meßeinrichtungen entwickelt, die den jeweiligen Anforderungen entsprechen. Mit diesen Versuchsständen können die wichtigsten in der Medizin vorkommenden spanenden Bearbeitungsverfahren (Bild 3.1) untersucht werden.

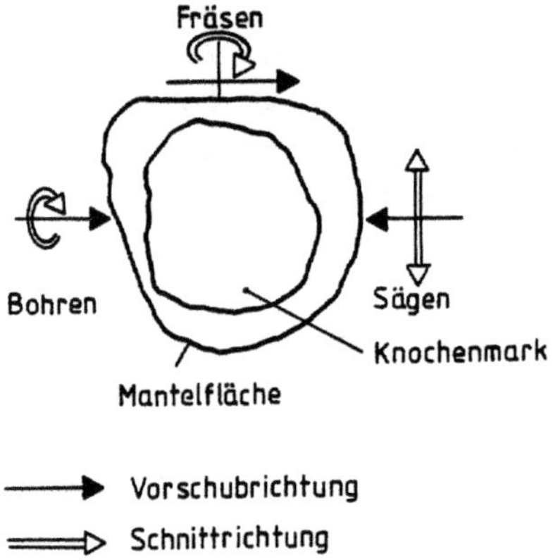

Bild 3.1 Verschiedene spanende Bearbeitungsverfahren in der Medizin, die in dieser Arbeit untersucht werden.

3.2. Versuchsaufbau für die Temperaturuntersuchung

Für die Temperaturuntersuchung wurden zwei Versuchsstände entwickelt und gebaut. Der erste stellt einen Versuchsstand dar, mit dem durch geringes Umrüsten auf der Werkzeug- und Werkstückseite die wichtigsten Bearbeitungsverfahren durchführbar sind. Bild 3.2 zeigt als Prinzipskizze den Aufbau diese Versuchsstandes.

Der linke, horizontal laufende Schlitten (1) dient der Aufnahme des Werkzeuges (2) und übernimmt den Vorschub. Geführt wird er durch vier Kugellagerpaare, die auf einer hochgenau geschliffenen Führungsschiene (3) abrollen. Zur

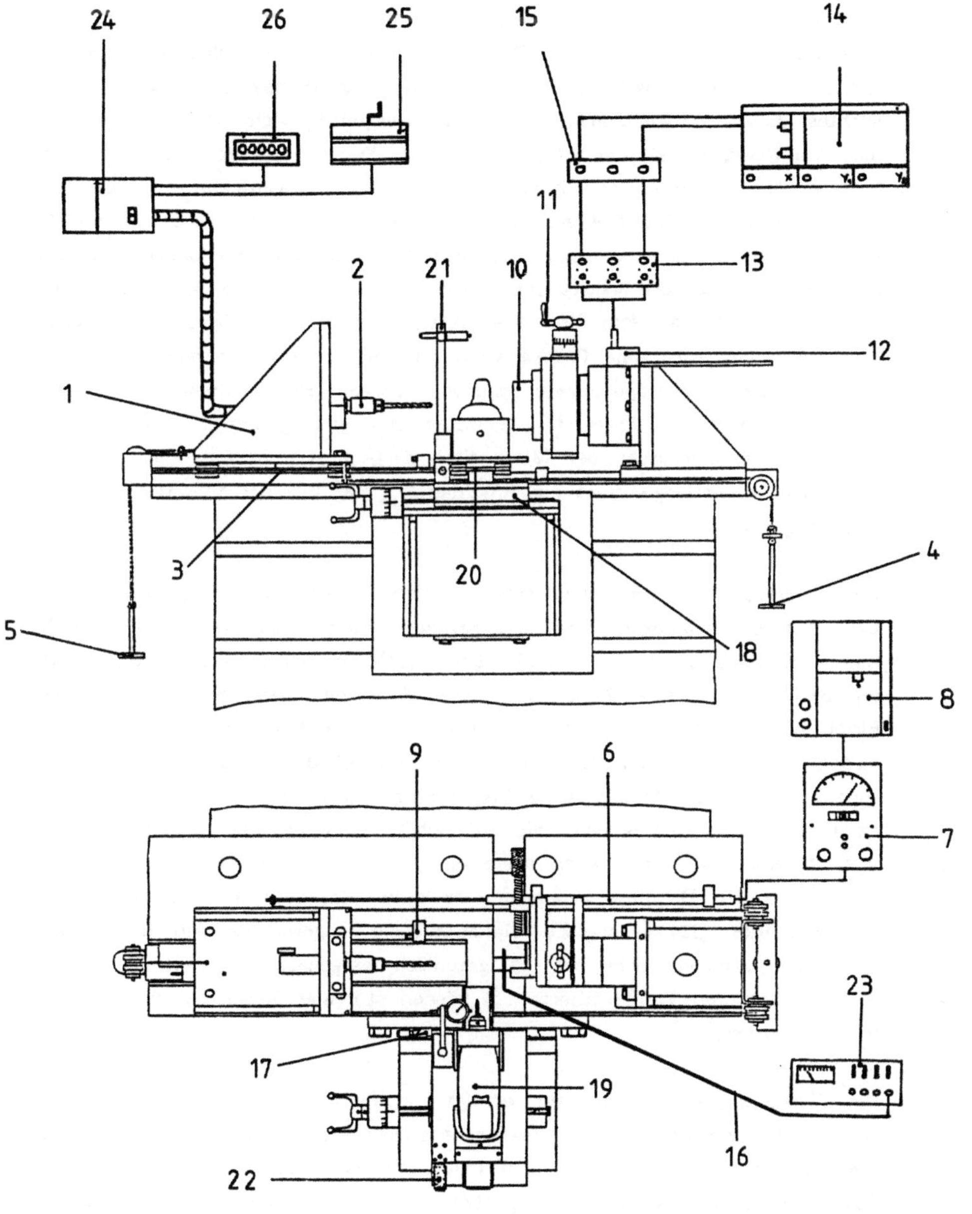

Bild 3.2 Prinzipskizze des Versuchsstandes

Führung und Spannung des Werkzeuges wird das jeweilige Handstück der Firma Aesculap verwendet. Die einstellbare Vorschubkraft wird über ein gewebtes Kunststoffseil von Gewichten (4) aufgebracht. Zur Kompensation des Eigengewichtes dieser Vorschubeinheit dient ein Ausgleichgewicht (5), das ebenfalls über ein Kunststoffseil am Schlitten angreift. Der bei der Bearbeitung zurückgelegte Weg wird mit einem berührenden induktiven Wegaufnehmer (6) der Firma Hottinger-Baldwin, Meßtechnik, erfaßt. Bei diesem wird durch einen Meßtaster ein Kern aus weichmagnetischem Material in eine rotationssymmetrische Spule eingetaucht. Die Induktivitätsänderung durch die Lageänderung des Kerns ist ein Maß für den vom Meßtaster zurückgelegten Weg. Durch diese Induktivitätsänderung wird eine Brücke verstimmt und es entsteht dadurch eine zu dem Verschiebeweg proportionale Spannung. Diese wird anschließend mit einem Trägerfrequenzmeßverstärker (7) verstärkt und gleichgerichtet und dann mit einem Kompensationsschreiber (8) grafisch dargestellt. Zur Einstellung der gewünschten Schnittlänge dient ein Anschlag (9), der in einer Schwalbenschwanzführung gleitet.

Die Fixierung des Werkstückes wird von einem Schraubstock (10) übernommen. Um an jedem beliebigen Punkt des Knochens eine Versuchsbearbeitung durchführen zu können, ist ein Spindelschlitten (11) vorgesehen. Hinter dem Schlitten befindet sich eine Zwei- bzw. Drei-Komponenten-Meßplattform (12) der Firma Kistler, mit der die an der Bearbeitungsstelle auftretenden Kräfte gemessen werden. Als Funktionsprinzip wird hierbei der piezoelektrische Effekt angewandt, wobei Quarzkristalle Verwendung finden, die auf Zug und Druck empfänglich sind und solche, die auf Schub reagieren. Bei Belastung in der sensibilisierten Richtung geben diese eine der aufgebrachten Kraft proportionale Ladung ab. Da diese Ladungen sehr klein sind, werden sie mit einem Ladungsverstärker (13) in analoge Gleichspannung umgewandelt und können dann mit einem Zweikanal-Schreiber (14) graphisch festgehalten werden. Durch Zwischenschalten von Tiefpaßfiltern (15) können störende Stromschwankungen eleminiert werden.

Die Ermittlung der Temperatur erfolgt mittels eines Thermoelementes (16). Hierfür ist eine Bohrung im Knochen anzubringen, die in zwei Koordinatenrichtungen variabel einstellbar sein muß. Die Einstellung der Vertikalen wird durch die Schwalbenschwanzführung (17) erreicht, die Horizontale in Vorschubrichtung durch die Schwalbenschwanzführung (18). Damit kann jeweils das Thermoelement auf Mitte der Versuchsschnittes justiert werden. Die Bohrung für das Thermoelement wird mit einer Handbohrmaschine (19) ausgeführt, die wie der Hauptvorschub (1) über vier Kugellagerpaare auf einer Führungsschiene (20) gleitet. Zur Ermittlung der Lage der Bohrung für das Thermoelement zur Eindringstelle des Versuchswerkzeuges dient eine Meßuhr (21) mit einem Ablesefehler von 0,005 mm. So ist gewährleistet, daß die Temperatur jeweils an der gleichen Stelle am Schnittkanal abgenommen werden kann. Für die Bohrtiefe und somit für den Abstand zwischen Thermoelement und Bearbeitungsstelle wird als Meßinstrument ein Einbaumikrometer (22) mit einem Einstellfehler von 0,005 mm verwendet. Die Temperatur, die bei der spanenden Bearbeitung entsteht, wird mit einem Thermoelement (16) aufgenommen und von einem THERMIN-Laborthermometer (23) angezeigt. Diese Temperaturmessung mit Thermoelementen beruht auf der Tatsache, daß zwischen zwei Kontaktstellen verschiedener Metalle ein Thermostrom fließt, sofern die beiden Punkte unterschiedliche Temperaturen aufweisen. Wird somit ein Thermoelement, das sog. Referenz-Thermoelement auf einer konstanten Temperatur gehalten (normalerweise 0 °C) so kann mit dem zweiten Kontaktpunkt dem eigentlichen Thermoelement, die Meßaufgabe wahrgenommen werden. Bei dem hier verwendeten Temperaturmeßgerät THERMIN wird die 0 °C-Referenz auf elektronischem Wege realisiert. Mit diesem Meßgerät kann somit die absolute Temperatur bestimmt werden. Der Meßbereich geht von -100 °C bis +300 °C bei einer Auflösung von 0,5 °C. Das verwendete Thermoelement besteht aus der Thermopaarung Eisen-Konstantan und hat einen Durchmesser von 0,3 mm. Dadurch kann die Temperatur praktisch verzögerungsfrei gemessen werden.

Der Antrieb der Handstücke erfolgt durch einen Elektromotor (24) der Firma Aesculap über eine biegsame Welle. Zur Einstellung der Drehzahl dient ein von Hand fest einstellbarer Fußschalter (25), der eine Drehzahlregulierung von 0 - 18000 U/min erlaubt. Zur Kontrolle ist ein digitaler Drehzahlanzeiger (26) zwischengeschaltet.

Der zweite Versuchsstand, der in erster Linie für die Voruntersuchungen eingesetzt worden ist, entspricht im Prinzip dem ersten (Bild 3.3). Die gerätetechnische Ausrüstung des Versuchsstandes ist die gleiche. Der grundlegende Unterschied besteht in der Vorschubbewegung des Werkzeuges. Hier wird eine U-Schiene, mit der die Handstücke über eine Klemmung verbunden sind, über kugelgelagerte Büchsen auf zwei geschliffenen Säulen vertikal geführt. Ein Gegengewicht, über kugelgelagerte Scheiben gespannt, schafft einen Gewichtsausgleich für die gesamte Werkzeugbrücke. So kann die gewünschte Vorschub-

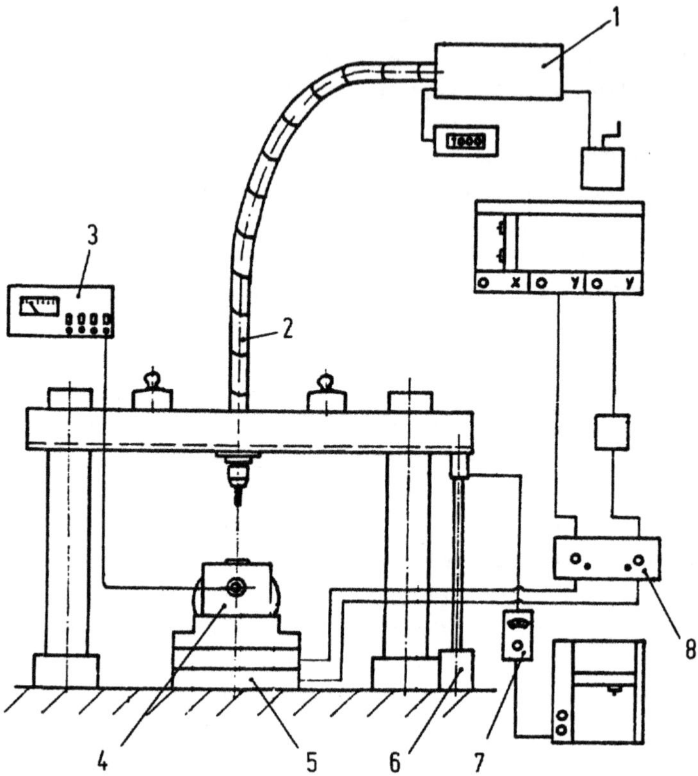

Bild 3.3 Prinzipskizze des Versuchsstandes für Voruntersuchungen

1) ELAN-E-Elektro-Chirurgie-Antriebseinheit mit Fußschalter und digitaler Drehzahlanzeige
2) Biegewelle mit Geradeausbohrhandstück
3) Laborthermometer Thermin mit Thermoelement
4) Knochenprobe und Knochenspannvorrichtung
5) Zwei- bzw. Drei-Komponenten-Meßplattform
6) Induktiver Wegmeßaufnehmer
7) Träger-Frequenz-Meßverstärker
8) Ladungsverstärker für Kraftsignal

kraft einfach durch Auflegen von Gewichten auf die Werkzeugbrücke realisiert werden.

Bei diesem Versuchsstand benötigt man zum definierten Einspannen der Knochen eine spezielle Knochenhalterung. Die spezielle Knochenhalterung gewährleistet einen gleichbleibenden Abstand zwischen Thermoelement und Versuchswerkzeug, eine senkrechte Lage des Thermoelementes zur Bearbeitungsstelle und eine Abnahme der Temperatur an immer derselben Stelle im Knochen.

3.3. Versuchsmaschine

Die Versuchsstände erlauben die Durchführung der Versuche nur mit konstanter Vorschubkraft. Zur Ermittlung des Einflußes der Vorschubgeschwindigkeit werden die dann notwendigen Versuche an einer Fräsmaschine durchgeführt. Es sollten damit auch mögliche grundlegende Unterschiede zwischen den beiden Arten der Versuchsdurchführung - mit konstanter Vorschubkraft und mit konstanter Vorschubgeschwindigkeit - aufgezeigt werden. Dazu werden die Meßgeräte auf die Fräsmaschine vom Typ Thiel Duplex 159 der Firma Diehl aufgebaut. Diese Maschine erlaubt die Durchführung der Versuche mit konstanter Vorschubgeschwindigkeit und sich frei einstellender Vorschubkraft.

3.4. Versuchsdurchführung für die Temperaturuntersuchung

Die Temperaturbestimmung bei der Zerspanung stellt eine schwierige Aufgabe dar. Es muß bei diesen Versuchen mit äußerster Präzision vorgegangen werden. Trotzdem lassen sich erhebliche Temperaturschwankungen nicht vermeiden.

Bei den Versuchen muß eine Temperaturmessung immer an derselben Stelle im Knochen und möglichst nahe an der Berarbeitungsstelle gewährleistet sein. Um diese Forderungen zu erfüllen, dienen zum Einstellen des Abstandes zwischen Werkzeugschneideneingriff und Thermoelement eine auf dem Bohrmaschinenschlitten positionierte Meßuhr und zum Einstellen der verbleibenden Wandstärke zwischen Versuchswerkzeug und Thermoelement eine Mikrometerschraube. Als verbleibende Wandstärke wird ein Abstand von 0,1 mm realisiert.

Die für die Versuche benötigten Knochenstücke sind tiefgefroren. Sie werden vor den Versuchen in einem Wasserbad aufgetaut und auf Raumtemperatur gebracht. Damit sie immer den nötigen Feuchtigkeitsgehalt haben und nicht austrocknen, bleiben die Knochenstücke bis zu den Versuchen und zwischen den Versuchen im Wasserbad. Das Knochenstück wird in den Schraubstock eingespannt und die Thermoelementbohrung mit der Handbohrmaschine, nach genauem Positionieren, ausgeführt. Auf dem Thermoelement wird Wärmeleitpaste aufgetragen, um einen besseren Wärmeübergang zu erzielen, danach wird es in der Bohrung befestigt.

Die während des Versuches gemessene Temperatur ist aber nicht die wirklich an der Bearbeitungsstelle auftretende Temperatur. Man begeht einen Fehler, wenn man die in einem beliebig erreichbaren Abstand gemessenen Temperaturen mit der beim Versuch auftretenden Temperatur gleichsetzt. Denn man vernachlässigt den Wärmeübergangswiderstand zwischen Schweißperle und Wärmeleitpaste, den Temperaturabfall in der Wärmeleitpaste, den Wärmeübergangswiderstand zwischen Wärmeleitpaste und Knochen und endlich den Temperaturabfall über der verbleibenden Knochenwand. Der Temperaturunterschied zwischen Thermoelement und Bearbeitungsstelle wird mit Hilfe eines Temperaturkalibers ermittelt.

Der Temperaturkaliber mit dem Durchmesser oder der Schnittbreite des Versuchswerkzeuges wird über einen Stelltransformator auf die ungefähr zu erwartende Temperatur an der Bearbeitungsstelle aufgeheizt. Die sich im stationären Zustand einstellende Temperatur wird über ein in den Temperaturkaliber gelötetes Thermoelement gemessen. Die Geometrie des Kalibers und die Einbauhöhe des Thermoelementes sind so gewählt, daß sich das Thermoelement des im Knochen steckenden Kalibers genau dem Thermoelement gegenüber befindet, welches die Meßtemperatur registriert.

Auf diese Weise können mit dem Temperaturunterschied die tatsächlich auftretende Temperatur ermittelt werden. Weiterhin wird der Einfluß der Temperaturleitfähigkeit des Knochens, die von ihm selbst und von der Lage der Meßstelle abhängig ist, weitgehend gering gehalten.

3.5. Meßmethode zur Bestimmung des selbsttätigen Einziehens des Spiralbohrers

Beim Durchbrechen durch die Cortikalis kann sich der Bohrer an der Schneidenecke einhaken und sich wie eine Schraube in den Knochen hineinziehen. Die Bohrungen werden von Hand ausgeführt. Auf diese plötzlich in Vorschubrichtung auftretende Zugkraft kann der Operateur nicht schnell genug reagieren und es kann zu der Gefahr einer Weichteilverletzung kommen.

Als Ausgangspunkt wird bei dieser Untersuchung die Schraubenwirkung beim Durchbruch gewählt. 50 % - 70 % der benötigten Vorschubkraft zum Bohren wird von der Querschneide kompensiert /24/. Kommt nun beim Durchbohren der Corticalis die Querschneide außer Eingriff, erfährt der Bohrer durch die konstantbleibende Vorschubkraft einen Stoß in Vorschubrichtung. Dies zeigt sich im Bild 3.4, in dem die Änderung des Vorschubs im Punkt Q durch die

Bild 3.4 Vorschubänderung beim Bohren nach Austritt der Querschneide des Spiralbohrers (Punkt Q) (V = 22)

Spur der Schneidenecke gut zu erkennen ist. Das plötzlich tiefere Eindringen des Bohrers in den Knochen führt durch die größere Spanungsdicke zu einem Schnittkraft- und Drehmomentenstoß. In Abhängigkeit vom Spanwinkel ergibt

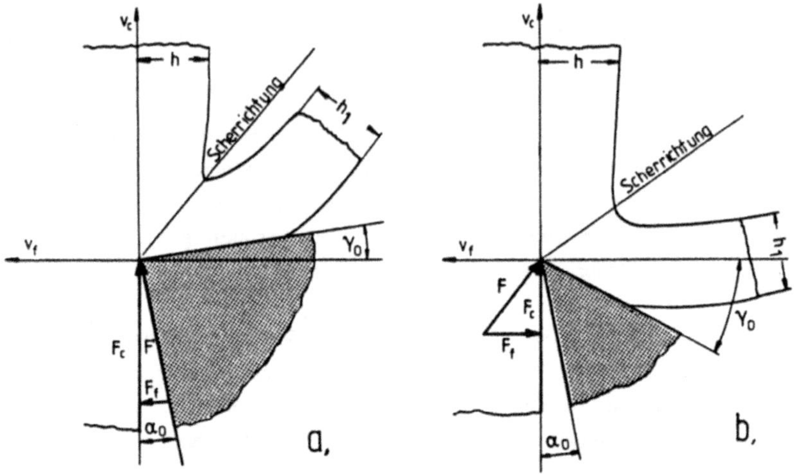

Bild 3.5 Kraftkomponenten an der Hauptschneide des Spiralbohrers in Abhängigkeit vom Spanwinkel
a) $\gamma_o < 0$ b) $\gamma_o > 0$

sich aus der Zerspankraft eine Komponente in Vorschubrichtung (Bild 3.5), die den Bohrer zusammen mit der Vorschubkraft in den Knochen hineindrückt. Ist nun die Summe dieser beiden Komponenten größer als der Restwiderstand des Knochens, wird der Spiralbohrer in gleicher Weise wie eine Schraube durch die Drehbewegung in den Knochen selbsttätig eingezogen.

Dieser Einziehkraft muß der Operateur eine Gegenkraft entgegenbringen, um eine Weichteilverletzung zu verhindern. Die Vorschubkraft im Augenblick des Durchbruches wird als Beurteilungskriterium gewählt und als Einziehkraft bezeichnet. Die Versuche werden auf dem Versuchsstand für die Temperaturmessung durchgeführt. Mit einem Structural Dynamics Analyser von Hewlett-Pakkard wird die Vorschubkraft beim Durchbruch genau aufgezeichnet. Dieses Gerät erlaubt es, durch einen Trigger den interessierenden Zeitbereich genauer zu analysieren und die Einzugskraft zu bestimmen.

3.6. Oberflächenbetrachtung mit dem Raster-Elektronen-Mikroskop (REM)

Zur Untersuchung der Oberflächengestalt der spanend bearbeiteten Knochenproben kommt ein Rasterelektronenmikroskop PSEM 501 von Philips zum Einsatz. Das Rasterelektronenmikroskop (REM) hat den Vorteil, die Objekte bei einer 5 - 40 000-fachen Vergrößerung mit einer 300-mal besseren Tiefenschärfe als optische Mikroskope betrachten zu können /73/. Dadurch erreichen die Aufnahmen eine sehr gute plastische Wirkung. Das REM arbeitet mit aus einer Kathode freigemachten Primärelektronen, die durch ein Linsensystem auf einen Punkt focussiert werden /69/. Mit Hilfe von Ablenkspulen wird mit dem Elektronenstrahl die Probenoberfläche zeilenweise abgefahren ("rastern"). Durch die auf die Proben auftreffenden Elektronen werden in diesen Sekundärelektronen erzeugt, die von einem Kollektor aufgefangen und in ein Bildsignal umgewandelt werden.

Um die Untersuchung nichtleitender (biologischer) Objekte zu ermöglichen, müssen sie entsprechend präpariert werden. Dazu wird das Verfahren der Kathodenzerstäubung (Sputtering) angewendet. Mit diesem Verfahren lassen sich sehr dünne, homogene Beschichtungen auch tiefzerklüfteter Objekte /66,75/ erzielen. Die Proben werden bei einem Entladestrom von 15 mA mit Gold bei der Dauer von 3 min beschichtet. Diese Daten haben sich für die Proben besonders bewährt. Bei höheren Strömen und Beschichtungsdauern war die Wärmebelastung zu hoch. War die Dauer von 3 min nicht ausreichend, erwiesen sich mehrere kürzere Beschichtungsdauern besser als eine längere.

Das REM kann nur bei absolut trockenen Proben im Hochvakuum arbeiten. Um dies zu ermöglichen werden die Proben mit Coloradol und Alkohol intensiv im Ultraschallbad gereinigt. Dadurch lösen sich alle lockeren Späne und Verunreinigungen.

3.7. Rauheitsmessung

Die Rasterelektronenmikroskopische Untersuchung erlaubt keine meßtechnische Aussage über die Oberflächengestalt. Deshalb werden bei den Proben, die größenmäßig geeignet sind, Rauheitsmessungen durchgeführt. Die Rauheit wird mit dem Oberflächentastgerät Perth-O-Meter, der Firma Perthen GmbH, mit einem Tastkopf FTK 6b/250, der gleichen Firma, gemessen. Nach DIN 4766 wird als Meßgröße für die Gestaltabweichung die Rauhtiefe R_t angegeben. In DIN 4762 ist die Rauhtiefe R_t als der maximale Abstand des Bezugsprofils vom Grundprofil innerhalb der Rauheitsbezugsstrecke l definiert (Bild 3.6).

Berücksichtigt man jedoch, daß diese "maximale" Rauhtiefe von der zufälligen Höhe einer einzelnen Spitze oder Tiefe einer Einzelrille innerhalb der Bezugsstrecke abhängt, sind für die Rauhtiefenmessung selbst an gleichen Proben voneinander abweichende Meßwerte zu erwarten /88/. Aus diesem Grunde wird die gemittelte Rauhtiefe R_Z zur Beurteilung herangezogen. Nach DIN 4768 ist die gemittelte Rauhtiefe R_Z das arithmetische Mittel aus den Einzelrauhtiefen fünf aneinander grenzender Einzelmeßstrecken. Diese Meßgröße wird deshalb weniger von vereinzelten Spitzen beeinflußt.

Auf diese Weise erhält man einen meßtechnischen Vergleich der gesägten Proben, den man den fotographischen Aufnahmen gegenüberstellen kann.

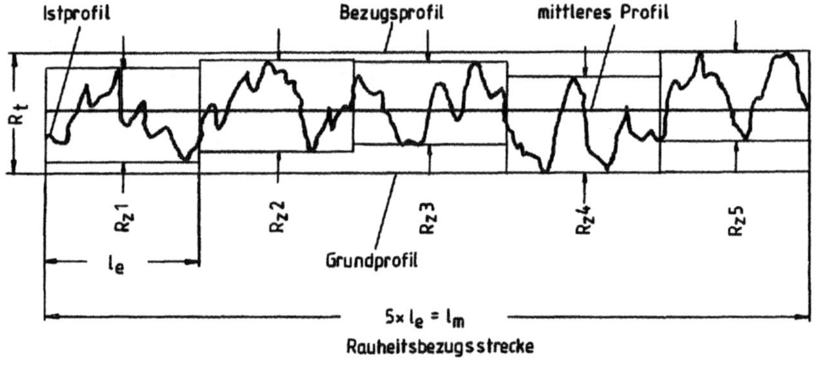

Bild 3.6 Definition der Rauhtiefe R_t und der gemittelten Rauhtiefe R_Z

4. Versuchswerkzeuge

4.1. Spiralbohrer (Wendelbohrer)

Als wichtigster Vertreter der Bohrwerkzeuge wird der Spiralbohrer untersucht. In dieser Arbeit soll dieses Bohrwerkzeug nach dem üblichen Sprachgebrauch mit Spiralbohrer und nicht mit Wendelbohrer bezeichnet werden. Mit diesem Werkzeug wird auch der Zerspanprozeß näher analysiert. Es wird der Spiralbohrerdurchmesser von 4,5 mm und 6 mm ausgewählt, um seine Durchbiegung in Folge der Inhomogenität des Knochens möglichst auszuschalten. Die Spiralbohrer bestehen bis auf wenige Ausnahmen aus Schnellschnittstahl der Klasse S-6-5-2. Mehrere mögliche Einflußfaktoren auf den Zerspanprozeß werden variiert und kommen zur Untersuchung. Es erfolgt eine Variation und Untersuchung vom

- Drallwinkel,
- Spitzenwinkel,
- Freiwinkel,
- Kerndurchmesser,
- Schneidstoff.

Der Anschliff der Spiralbohrer erfolgt nach dem Kegelmantelschliffverfahren /31/ auf einer Spiralbohrerschleifmaschine Typ SS 12 der Firma Rohde & Dörrenberg. Nach jedem Anschliff werden die Werkzeugwinkel mit einem Universal-Meßmikroskop der Firma Zeiss gemessen. Die Bezeichnung der Spiralbohrer und ihrer geometrischen Abmessungen erfolgt nach DIN 1412 und DIN 6581 (Bild 4.1).

Zur Bestimmung der Winkel am Schneidteil werden zwei Bezugssystem unterschieden: das "Wirk-Bezugssystem" für das arbeitende Werkzeug und das "Werkzeug-Bezugssystem" für das nicht im Einsatz befindliche Werkzeug. Die Bezugssysteme und Winkelgrößen sind in DIN 6581 definiert. Die beiden Bezugssysteme bauen auf verschiedene Bezugsebenen auf, die um den Wirkrichtungswinkel η zueinander geneigt sind. Die Winkelangaben in dieser Arbeit erfolgen alle im "Werkzeug-Bezugssystem".

Seiner Konstruktion nach hat der Spiralbohrer als zweischneidiges Werkzeug die Form einer zweigängigen Schnecke. Die Spiralbohrer unterscheiden sich

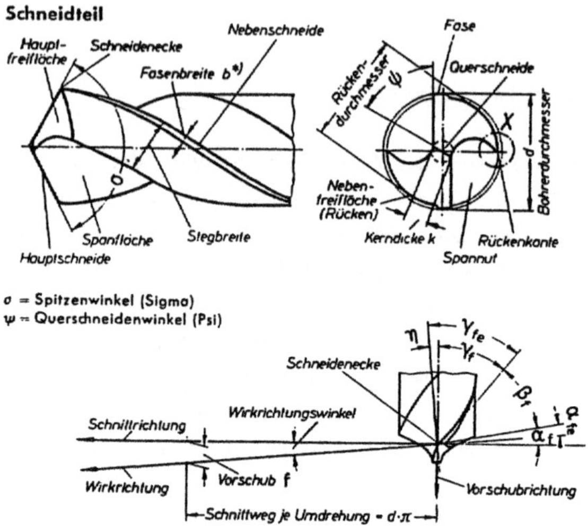

Bild 4.1 Bezeichnungen am Spiralbohrer nach DIN 1412

neben den Baumaßen im wesentlichen durch Drallwinkel δ = Seitenspanwinkel γ_f (bei unkorrigierter Hauptschneide), Spitzenwinkel σ, Spannutenform und Kerndicke k. Nach der Werkstückstoffbeschaffenheit und dem Einsatzgebiet werden diese Größen variiert und in Anwendungsbereiche eingeteilt.

Die für den Zerspanungsvorgang ausschlaggebenden Winkelgrößen liegen in der Werkzeug-Orthogonalebene. Diese Winkel können nicht unmittelbar gemessen werden. Sie können aber in einer anderen Meßebene, der angenommenen Arbeitsebene, bestimmt und mit Hilfe folgender geometrischer Beziehung

$$\tan\gamma_o = \frac{\tan\gamma_f}{\sin\varkappa_r} - \frac{\tan\lambda_s}{\tan\varkappa_r} \qquad (1)$$

umgerechnet werden. Für diese Gleichung (1) muß der Neigungswinkel λ_s in der Schneidenebene gemessen werden. Da beim Spiralbohrer die Arbeits- und die Bezugsebene senkrecht auf der Schneidenebene stehen, läßt sich aber auch der Neigungswinkel λ_s genauso wie der Seitenspanwinkel γ_f in der Arbeitsebene bestimmen und nach folgender Beziehung

$$\tan \lambda_s = \tan \lambda_f \cos \varkappa_r \tag{2}$$

umrechnen. Setzt man nun Gleichung (2) in Gleichung (1) kann der Spanwinkel wie folgt berechnet werden

$$\tan \gamma_0 = \frac{\tan \gamma_f - \tan \lambda_f \cos^2 \varkappa_r}{\sin \varkappa_r} \tag{3}$$

Wie aus Gleichung (1) ersichtlich ist, wird der Spanwinkel γ_o vom Seitenspanwinkel γ_f, vom Einstellwinkel $\varkappa_r$ und vom Neigungswinkel λ_s beeinflußt. Diese Abhängigkeit ist in Bild 4.2 dargestellt. Die stärkste Änderung des Spanwinkels γ_o wird durch eine Änderung des Seitenspanwinkels γ_f bewirkt, also durch Form und Steigung der Drallnuten. Eine ähnlich starke Änderung ergibt sich durch den Spitzenwinkel σ ($\sigma = 2 \cdot \varkappa$). Eine Änderung des Spanwinkels γ_o durch den Neigungswinkel λ_s ist kaum möglich, weil der Neigungswinkel weitgehend durch die Kerndicke des Spiralbohrers festgelegt ist.

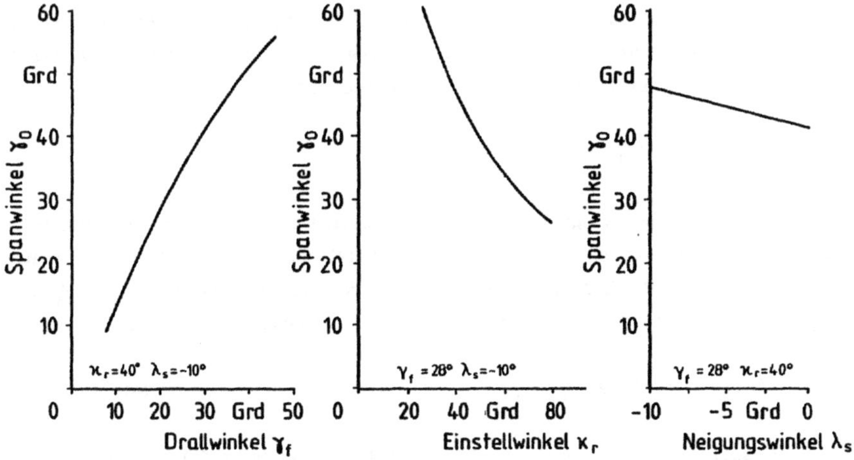

Bild 4.2 Einflußgrößen auf den Spanwinkel

Beim Spiralbohrer muß noch eine weitere Besonderheit berücksichtigt werden. Während bei vielen Werkzeugen der Spanwinkel an allen Punkten der Hauptschneide denselben Wert besitzt, ändert er sich sehr stark längs der Hauptschneide eines Spiralbohrers. Diese Spanwinkeländerung soll hier über die Berechnungsmöglichkeit des Spanwinkels nach Gleichung (1) hergeleitet werden. Man muß dazu nur die Winkeländerung des Seitenspanwinkels γ_f und des Neigungswinkels λ_s längs der Hauptschneide in Gleichung (1) einsetzen. Der Einstellwinkel $\varkappa_r$ bleibt entlang der Hauptschneide konstant.

Die Hauptschneide stellt eine Tangente an den Kern des Spiralbohrers dar. Damit läßt sich der Neigungswinkel λ_s nach dem Umrechnen des Durchmessers d in die Schneidenebene mit folgender Beziehung berechnen

$$\sin \lambda_s = \frac{k}{d} \cdot \sin \varkappa_r \qquad (4)$$

Diese Gleichung (4) gibt die Abhängigkeit des Neigungswinkels vom Durchmesser an.

Für die Ermittlung der Seitenspanwinkeländerung γ_f längs der Hauptschneide eines Spiralbohrers kann von der Ganghöhe H ausgegangen werden. Die Ganghöhe H der Drallnuten bleibt entlang der Hauptschneide konstant. Die Ganghöhe H läßt sich mit folgendem Ausdruck berechnen:

$$H = d \cdot \pi \cdot \tan(90^0 - \gamma_f) \qquad (5)$$

Setzt man nun die Ganghöhe an der Schneidenecke gleich der Ganghöhe an einem beliebigen Meßdurchmesser d_1, so ergibt sich nach kurzem und einfachem Umformen die Berechnungsmöglichkeit der Seitenspanwinkeländerung entlang der Hauptschneide eines Spiralbohrers nach folgender Beziehung:

$$\tan \gamma_{f1} = \frac{d_1}{d} \cdot \tan \gamma_f \qquad (6)$$

Nach Einsetzen der Gleichungen (4) und (6) in Gleichung (1) ergibt sich folgende Gleichung

$$\tan \gamma_0 = \frac{d_1 \cdot \tan \gamma_f}{d \cdot \sin \varkappa_r} - \frac{\tan\left(\arcsin\left(\frac{k}{d_1} \cdot \sin \varkappa_r\right)\right)}{\tan \varkappa_r} \qquad (7)$$

mit der die Spanwinkeländerung längs der Hauptschneide eines Spiralbohrers angegeben werden kann. Für einen Spiralbohrer mit der Kerndicke k = 1.2 mm und einem Seitenspanwinkel γ_f = 28° bei einem Durchmesser d = 6 mm ist in Bild 4.3 der Spanwinkel als Funktion des Spitzenwinkels und des Durchmesserverhältnisses dargestellt. Wie aus dem Diagramm hervorgeht, nimmt der Spanwinkel in der Nähe der Querschneide negative Werte an. Bei dem dargestellten Spiralbohrer ändert er sich von γ_o = 27° an der Schneidenecke bis zu γ_o = -24° am Übergang von Hauptschneide zur Querschneide bei einem Spitzenwinkel von σ = 120°. Diese Spanwinkeländerung hat einen erheblichen Einfluß auf die Schnittkraftverteilung und Spanbildung längs der Hauptschneide.

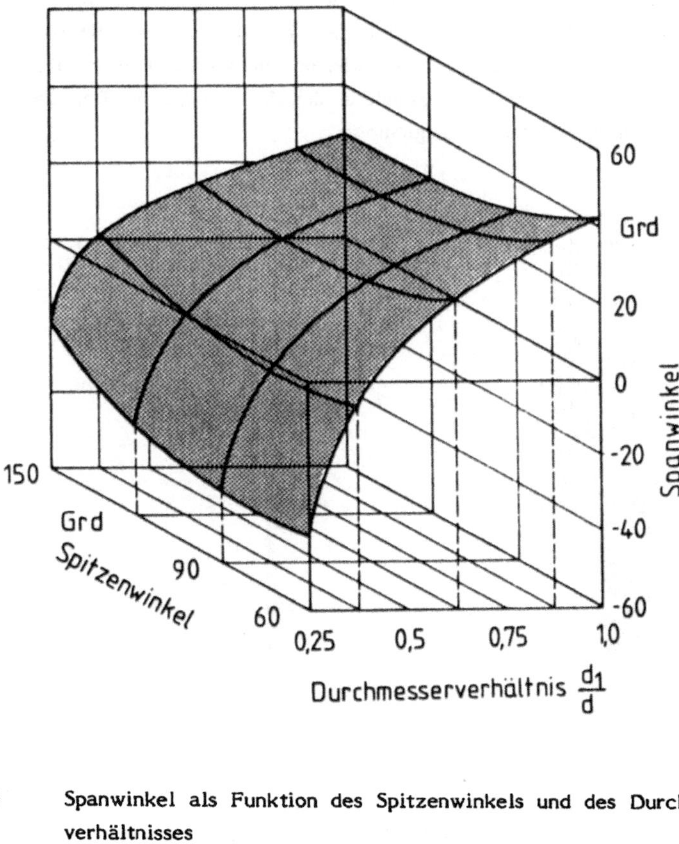

Bild 4.3 Spanwinkel als Funktion des Spitzenwinkels und des Durchmesserverhältnisses

Dasselbe wie für den Spanwinkel γ_o trifft auch für den Freiwinkel α_o zu /13/. Beim Kegelmantelschliff nimmt der Freiwinkel längs der Hauptschneide zur Bohrermitte hin zu. Der Freiwinkel α_o muß so groß gewählt werden, daß er längs der Hauptschneide immer größer als der Wirkrichtungswinkel η ist, der sich aus Schnittbewegung und Vorschubbewegung ergibt (s. Bild 4.1). So kann ein "Drücken" oder "Aufsitzen" des Spiralbohrers vermieden werden.

4.2. Sägewerkzeuge

In dieser Arbeit werden zwei verschiedene Gruppen von Sägewerkzeugen untersucht, eine oscillierende Tiefensäge und eine Stichsäge (Bild 4.4). Diese beiden Arten stellen die in der Medizin am häufigsten verwendeten Werkzeuge dar. Im Grundaufbau sind diese Werkzeuge gleich. Sie sind alle für den oscillierenden Einsatz geeignet, d.h. sie können im Vorhub und im Rückhub zerspanen. Dies wird durch die besondere Zahnform möglich. Der Zahn ist wie ein gleichschenkliges Dreieck ausgebildet.

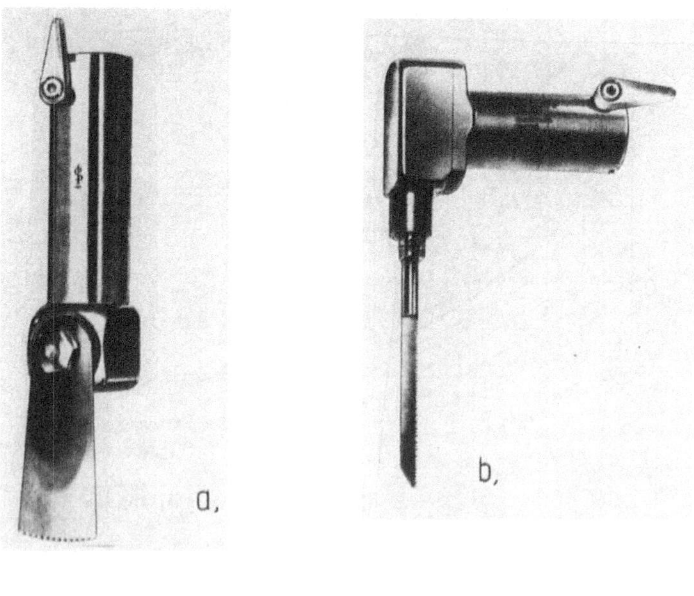

Bild 4.4 Untersuchte Sägewerkzeuge /102/
a) oszillierende Tiefensäge b) Winkelstichsäge

Die zur Untersuchung kommenden Werkzeuge unterscheiden sich in der Werkzeuggeometrie, nämlich in folgenden Größen: Spanwinkel, Freiwinkel, Schnittbreite, Teilung und Zahnlückenraum (Tab. 4.1).

Geometriegrößen / Werkzeug	Sägeschnittbreite mm	Spanwinkel Grd	Freiwinkel Grd	Zahnlückenraum mm^3
oszillierende Tiefensäge 1	0,8	$-22,5^0$	$67,5^0$	0,62
oszillierende Tiefensäge 2	0,8	$-22,5^0$	$67,5^0$	1,48
Stichsäge 1	1,2	$-22,5^0$	$67,5^0$	1,04
Stichsäge 2	0,8	$-30,0^0$	$60,0^0$	0,54
Stichsäge 3	0,8	$-22,5^0$	$67,5^0$	0,70

Tabelle 4.1 Werkzeuggeometriegrößen der untersuchten Sägewerkzeuge

Sägewerkzeuge sind mehrschneidige, schmale Werkzeuge mit geometrisch bestimmten Schneiden. Bild 4.5 zeigt die Schneidteilgeometrie und die Bezeichnungen an einem Sägewerkzeug dieser Untersuchungsreihe. Von den drei Winkeln des Schneidteils ist der Freiwinkel α_o für die Ausbildung des Spanraumes V_{ZL} maßgebend, der Keilwinkel β_o gibt dem Sägezahn die Stabilität und der Spanwinkel γ_o beeinflußt stark die Schnittkraft. Die Teilung T_Z bestimmt die Größe des Spanraumes V_{ZL}. Je größer die Teilung, umso größer der Spanraum und umso leichter die Spanabfuhr. Zu groß darf die Teilung auch nicht gewählt werden, weil sonst die Zähne ausbrechen. Da diese medizinischen Sägewerkzeuge im oscillierenden Betrieb eingesetzt werden, sind die Zähne symmetrisch ausgebildet.

Damit sich die Sägewerkzeuge beim Schneiden nicht im Schneidspalt festsetzen, werden die Zähne entweder breiter als der Rücken ausgeführt oder sie erhalten eine Schränkung. Dadurch wird der Schneidspalt breiter als das Sägewerkzeug, die Zähne schneiden sich frei und die Reibung zwischen Werkzeug

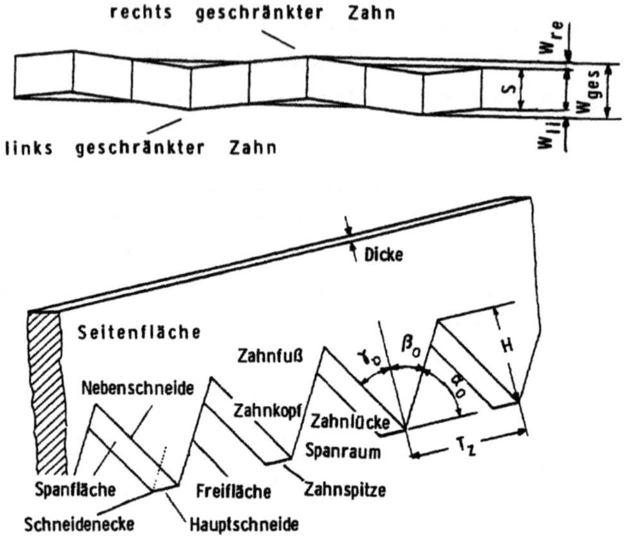

Bild 4.5 Bezeichnungen am Sägewerkzeug

und Werkstück wird vermindert. Diese Werkzeuge sind aus diesem Grunde mit einer Rechts-Links-Schränkung ausgeführt.

4.3. Fräswerkzeuge

Fräswerkzeuge sind mehrschneidige in Ausnahmefällen auch einschneidige Werkzeuge mit geometrisch bestimmten Schneiden. Die Schneiden der Fräswerkzeuge sind im wesentlichen umfangsseitig angeordnet. Die vielseitigen Einsatzmöglichkeiten des Fräsverfahrens erfordern entsprechend vielfältige Ausführungen der Werkzeuge. Die Benennungen der Fräser beziehen sich entweder auf seine konstruktiv-geometrische Auslegung oder auf Einsatzbereich und Konstruktion. Entsprechend unterteilen sich die Fräswerkzeuge in Anwendungsgruppen, für die die Anzahl der Schneiden maßgeblich ist. Mit kleiner Zähnezahl wird die Fräsleistung günstiger, während Schneidhaltigkeit und Standzeit mit zunehmender Zähnezahl steigt.

In dieser Arbeit werden Kugelkopffräser untersucht, nämlich Rosenbohrer und

ALLPORT-Kugelfräser (Bild 4.6). Der schneidentragende Teil dieser Werkzeuge ist als Kugel ausgebildet. Die Schneiden besitzen die Form eines Halbmondes. Ein leichter Rechtsdrall der Schneiden soll den Spanablauf begünstigen und ein ruhiges Laufverhalten ermöglichen. Diese beiden Werkzeuge unterscheiden sich in der Anzahl der Schneiden und dem Schneidstoff. Der Rosenbohrer besitzt eine größere Schneidenzahl und ist aus einem rostfreien Stahl (martensitischer Chromstahl) gefertigt, während beim Kugelkopffräser der Schneidteil aus HM besteht.

Zu diesen beiden Werkzeugen wird ein Schleifwerkzeug in Relation gesetzt, nämlich ein Diamantbohrer. Dieser Diamantbohrer ist den Kugelfräsern im Aufbau ähnlich (Bild 4.6). Die schneidentragende Kugel des Diamantbohrers ist mit vielen kleinen Diamantsplittern bestückt. Diese Splitter bilden mit ihren Kanten viele geometrisch unbestimmte Schneiden.

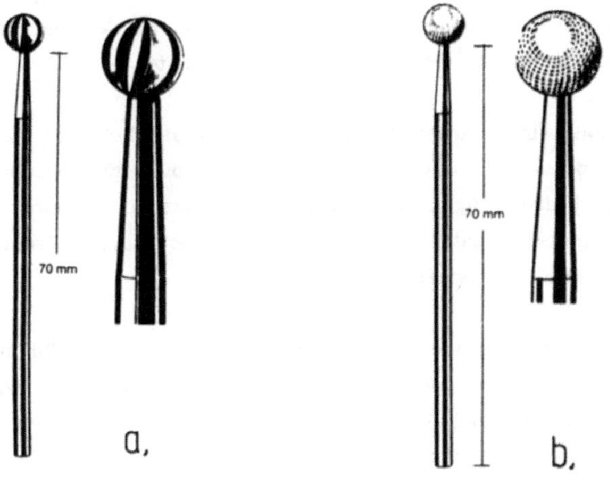

Bild 4.6 Kugelkopfwerkzeuge /102/
a) Rosenbohrer u. Kugelfräser b) Diamantbohrer

5. Versuchswerkstoff - Knochen

5.1. Allgemeines

Der Knochen des lebenden Menschen ist der Werkstoff, für den es den Bearbeitungsvorgang zu optimieren gilt. Verständlicherweise können die vielen notwendigen Versuche nicht am Menschen durchgeführt werden, sondern an einem Material, das dem menschlichen Knochen weitgehend ähnliche mechanische und thermische Daten aufweist. Als Versuchswerkstoff für die Temperaturuntersuchung wird die Tibia-Diaphyse frisch geschlachteter Rinder verwendet. Von den Knochen wird die Knochenhaut vollständig entfernt, um eine einwandfreie Späneabfuhr zu gewährleisten. Nach dem Schneiden der Knochen in verwendbare Stücke werden sie sofort tiefgefroren, um sie möglichst frisch zu halten. Vor dem Versuch werden sie in einem Wasserbad aufgetaut. Das Wasserbad verhindert das Austrocknen des Knochens, so daß die Eigenschaften sich nicht ändern und eine Übertragbarkeit gewährleistet bleibt.

Das Ergebnis eines Arbeitsprozeßes hängt wesentlich von der Kenntnis aller am Prozeß beteiligten Größen und Parameter sowie der Beachtung ihrer gegenseitigen Wechselwirkungen ab. Sollen die Werkzeuge für eine bestimmte Bearbeitung optimiert werden, so wird es zunächst sinnvoll sein, sich über den zu bearbeitenden Werkstoff zu informieren.

Der Knochen unterscheidet sich von den mit Werkzeugen üblicherweise bearbeiteten Werkstoffen grundsätzlich darin, daß er als lebender Werkstoff auf Bearbeitungsvorgänge reagieren kann. Die Struktur des Aufbaus ist nicht homogen. Der Werkstoff Knochen läßt sich in seinen Eigenschaften nur bis zu bestimmten Grenzen generalisierend beschreiben. Hinzu kommen individuelle Besonderheiten, die sich aus Alter, Geschlecht, hormonellen Einflüßen und vielen weiteren Faktoren ergeben. Diese Punkte zeigen, wie schwierig es ist, zuverlässige und verbindliche Kenndaten zum Werkstoff Knochen zu erhalten. Deshalb soll hier kurz der Aufbau des Knochens und seine Besonderheiten beschrieben werden. Die wichtigsten Werkstoffkennwerte und ihre Unterschiede werden aus der Literatur zusammengetragen, in geeigneter Weise dargestellt und durch eigene Untersuchungen ergänzt. Dies soll zeigen, inwieweit allein der Versuchswerkstoff Knochen die Meßwertstreuungen beeinflußt.

5.2. Form und Struktur des Knochens

Die Form des Knochens ist zwar durch Vererbung festgelegt, jedoch besitzt die Funktion einen gestaltenden Einfluß auf sie. Nach der Form werden unterschieden:

- lange oder Röhrenknochen,
- kurze Knochen,
- platte Knochen,
- lufthaltige Knochen.

Die Röhrenknochen bestehen aus einem Mittelstück, dem Schaft (Diaphyse), und den beiden Enden (Epiphysen). Die Diaphyse der Röhrenknochen ist ein mit Knochenmark gefülltes Rohr aus fester, kompakter Knochensubstanz (Compacta). Die Epiphysen und das Innere der kurzen Knochen bestehen aus einem feinen Maschenwerk von Knochenbälkchen und -plättchen (Spongiosa), dessen Hohlräume mit rotem Knochenmark ausgefüllt sind.

Der Knochen ist darauf eingestellt, mit einem Minimum an Material ein Maximum an Leistung zu erbringen. Die Spongiosabälkchen sind nicht regellos angeordnet, sie entsprechen den bei der Beanspruchung auftretenden Spannungslinien (Trajektorien). Ein grundsätzlicher Unterschied zwischen Spongiosa und Compacta besteht nicht. Dort, wo die Spannnungslinien auseinandergehen, tritt das feine Bälkchenwerk der Spongiosa, wo sie sich zusammendrängen, die feste Compacta auf.

Die Struktur des Knochenaufbaus ist nicht homogen wie z.B. bei Metallen und Kunststoffen. Man kann den Knochenaufbau als Verbundbauweise, bestehend aus verschiedenen Teilen betrachten. Das Knochengewebe besteht aus Zellen, kollagenen Fibrillen, interfibrillärer Grundsubstanz und verschiedenen Salzen. Die Salze sind in der interfibrillären Grundsubstanz in Form von Kristallen eingebettet. Sie geben dem Knochen seine Härte und Festigkeit.

Die Knochenzellen (Osteozyten) sind abgeplattete, ovoide Zellen, die in gleichgeformten Höhlen liegen. Ihre zahlreichen Fortsätze verlaufen nach allen Seiten in feinen Kanälchen der Knochenhartsubstanz und stehen mit den blutgefäßführenden Kanälen zum Stoffaustausch in Verbindung.

Beim erwachsenen Menschen tritt fast ausschließlich der Lamellenknochen auf. Seine Feinstruktur ist in Bild 5.1 ersichtlich. Der äußeren und inneren Oberfläche des Knochens parallel verlaufen die äußeren bzw. die inneren Grundlamellen. Dazwischen befinden sich die Haverschen Lamellensysteme (Osteons). Bei ihnen finden sich um den Haverschen Kanal konzentrische Lamellen von Grundsubstanz im Wechsel mit Lagen von Knochenzellen. Die Haverschen Kanäle stehen miteinander und mit den perforierenden Volkmannschen Kanälen in Verbindung. Über diese Gefäßkanäle erfolgt die Ernährung des Knochens. Die Lamellen bestehen aus kollagenen Fibrillen, die durch Kittsubstanz zusammengehalten werden.

Chemisch betrachtet, enthält der Knochen 46% anorganische, 22% organische Substanz (vor allem Kollagen) und 32% Wasser. Die anorganischen Bestandteile setzen sich zu 85% aus Calciumphosphat, 10% aus Calciumcarbonat und in geringeren Mengen aus weiteren Alkalisalzen zusammen. Gemeinsam bilden sie Hydroxylapatitkristalle /103/.

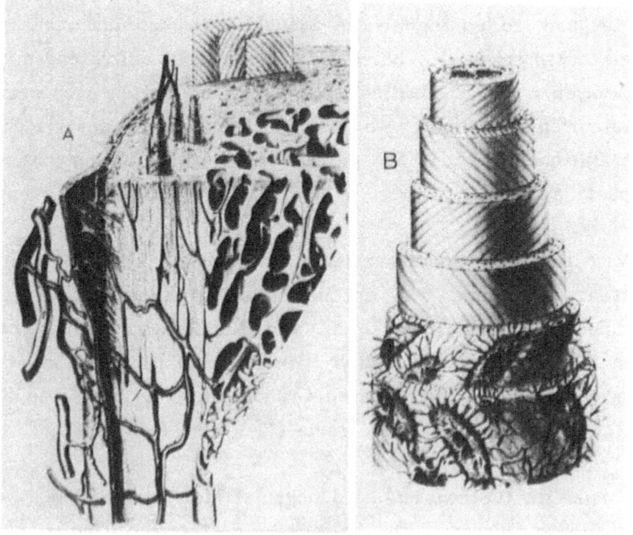

Bild 5.1 Schematischer Aufbau des Lamellenknochens /5/
A) Schematischer Aufbau B) einzelnes Osteon

5.3. Der Knochen unter dem Rasterelektronenmikroskop

Um einen späteren Vergleich der spanend bearbeiteten Knochenoberflächen mit der realen Oberfläche zu ermöglichen, werden die Bruchflächen eines kompakten und spongiösen Knochens vorangestellt. Der Röhrenknochen wurde quer zur Achse gebrochen, entsprechend präpariert und unterm REM untersucht. Diese Bruchrichtung entspricht der jeweilig eingehaltenen Bearbeitungsrichtung. Deutlich sind im Bild 5.2,a die äußeren Grundlamellen (rechts) des kompakten Knochens zu erkennen. Daran schließen sich die Faserbündel der Haverschen-Lamellensysteme (Osteons) an, die die Haverschen Kanälchen umschließen und von Volkmannschen-Kanälchen durchzogen werden.

Im Bild 5.2,b ist die Struktur des spongiösen Knochens zu erkennen. Die Spongiosa ist ein aus dreidimensionalen Verstrebungen von Knochenbälkchen aufgebautes, netzartiges Gebilde, das genügend Hohlräume für Knochenmark und Blutgefäße läßt.

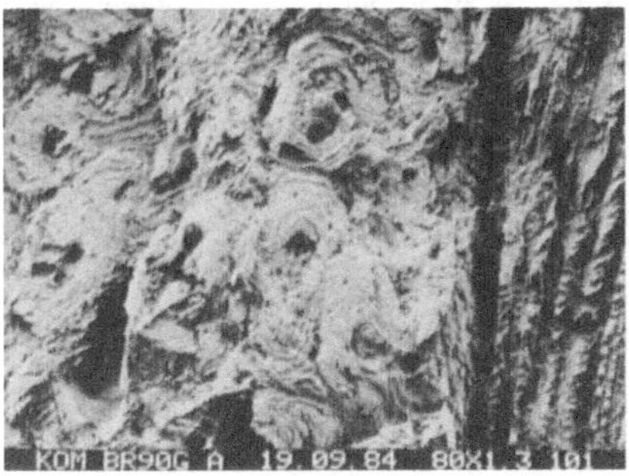

a,

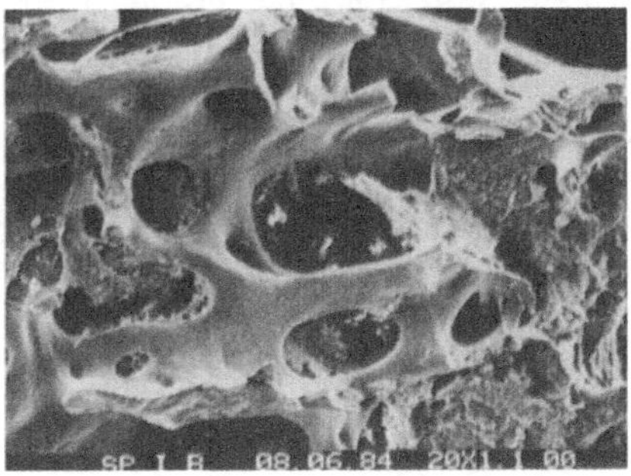

b,

Bild 5.2 Rasterelektronenmikroskopische Aufnahme der Bruchfläche eines kompakten (a) und spongiösen (b) Knochen
a) V = 104 b) V = 22

5.4. Physikalische Materialeigenschaften von Knochen

Für die Beschreibung von Materialeigenschaften sind die Strukturelemente des Knochens von Bedeutung. Da man den Knochen als Verbundwerkstoff betrachten kann /96/, stellt das Knochengewebe festigkeitstheoretisch gesehen ein inhomogenes und anisotropes Material dar; d.h. es besteht aus verschiedenen Grundbaustoffen (s.o.) und seine gerichtete Feinstruktur zeigt unterschiedliche Festigkeitseigenschaften bei verschiedenen Belastungsrichtungen. Aber nicht nur die Knochenstruktur beeinflußt die Materialeigenschaften, sondern noch viele weitere Faktoren wie Geschlecht, Rasse, Spezies, Alter, Körperseite, Mineralgehalt und Präparation der Knochenproben. Es bestehen Unterschiede zwischen den einzelnen Knochen nach ihrem anatomischen Standort und bezüglich ihrer Topographie. Man vermutet sogar, daß die äußeren Lebensumstände wie etwa Beruf, Ernährung und Umwelt einen Einfluß ausüben könnten. Dies sind einige Beispiele schwer quantifizierbarer Faktoren, was eine Bestimmung von genauen Absolutwerten und deren Auswertung erschwert. Um den Einfluß des Knochens auf die Ergebnisse und deren Streuung zu zeigen, werden hier die wichtigsten Werkstoffeigenschaften für die Zerspanung und ihre Einflußfaktoren zusammengestellt und mit eigenen Untersuchungen ergänzt.

Bei einer Ermittlung von Materialeigenschaften des Knochens müssen die gerichtete Strukturen, die bis in mikroskopische Größenordnungen vorliegen, berücksichtigt werden /2/. Bisherige Untersuchungen wurden an kleinen heraus-

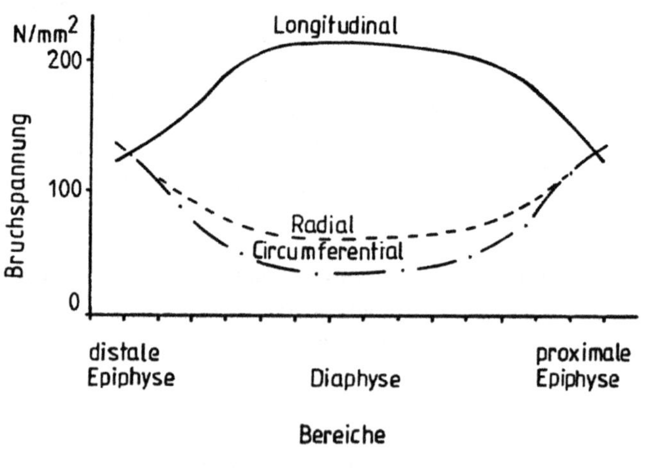

Bild 5.3 Veränderung der Bruchspannung über die Knochenlängsachse (Werte nach Pope /70/)

geschnittenen Knochenproben durchgeführt /25/. Die ermittelten Werkstoffkennwerte hängen aber stark von der Lage der Probenachse zur physiologischen Belastungsrichtung ab. Bild 5.3 zeigt die Veränderung der Bruchspannung über den Knochenschaft bei verschiedenen Richtungen der Probenachse zur Knochenlängsachse /70/.

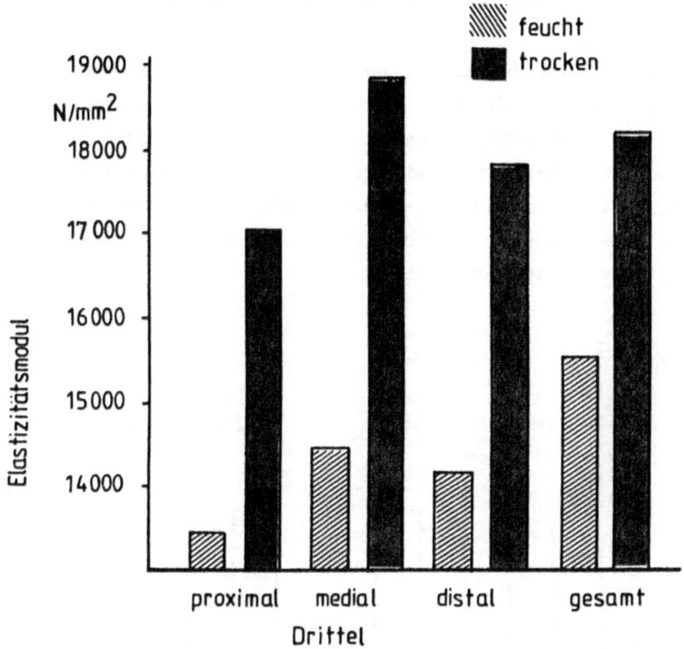

Bild 5.4 Elastizitätsmodul bei feuchten und trockenen Knochenproben vom menschlichen Oberschenkel (Werte nach Evans /25/)

Einen wesentlichen Einfluß auf die Werkstoffeigenschaften des Knochens besitzt die Lagerung und Präparation. Die Unterschiede zwischen trockenen und feuchten Knochen sind schon von vielen Autoren untersucht worden /25/. Im Bild 5.4 ist der Elastizitätsmodul von trockenen und feuchten Proben aufgeteilt über die Schaftdrittel eines menschlichen Oberschenkelknochens aufgetragen. Dies zeigt, wie wichtig es ist, daß der Knochen immer einen gleichen Feuchtigkeitsgrad besitzt. Daneben ist auch noch die Art der Präparierung und die Zeit der Lagerung entscheidend. Alkohol bewirkt eine irreversible Abnahme der Nachgiebigkeit /25/. Keine Veränderungen der Eigenschaften ergeben sich durch Einfrieren auf -20 °C und Auftauen vor dem Versuch auf Raum- bzw. Körpertemperatur /25/. Ein Präparieren durch das Ersetzen von Blut (Balsamieren), erhöht die Zerreißspannung, den E-Modul und die Härte. Die Eigenschaften des Knochens ändern sich stark in Abhängigkeit von der Temperatur bei einer Erwärmung über Körpertemperatur und sind weitgehend irreversibel.

Die wichtigste Frage beinhaltet, ob ein Unterschied zwischen lebenden und toten Knochen besteht. Stevens und Ray /49/ fanden keine signifikanten Unterschiede in den mechanischen Eigenschaften. Das überrascht nicht, da Knochen primär aus totem Material bestehen und nur wenige lebende Bestandteile wie z.B. Blutgefäße und Osteozyten besitzt. Deshalb kann man sagen, daß toter Knochen - besonders wenn er frisch und feucht ist - mit dem lebenden bzgl. seiner Eigenschaften verglichen werden kann.

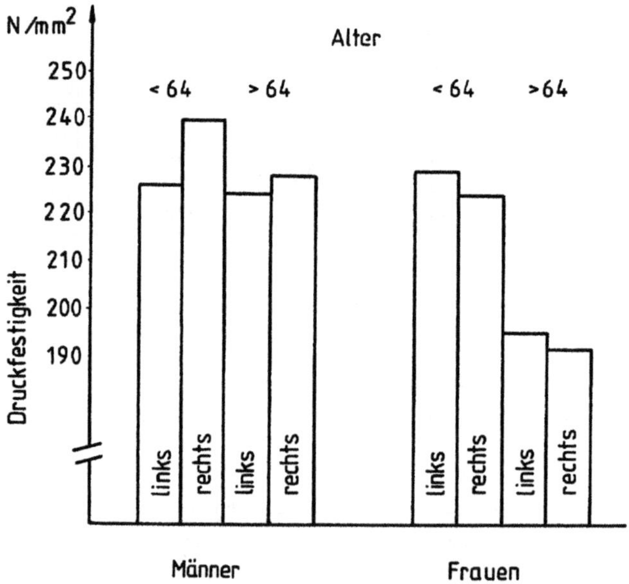

Bild 5.5 Einfluß von Geschlecht, Körperseite und Alter auf die Bruchfestigkeit (Werte nach Kummer /49/)

Die mechanischen Eigenschaften eines Knochens sind nicht nur von nichtbiologischen Größen abhängig. So besitzt das Geschlecht, die Körperseite und auch das Alter einen Einfluß (Bild 5.5). Das Alter stellt einen der wichtigsten und meist untersuchten Faktoren dar. Mit dem zunehmenden Alter ändert sich der Wassergehalt und die Mineralzusammensetzung des Knochens /96/. Dadurch zeigen alle mechanischen Eigenschaften des Knochens eine altersabhängige Charakteristik.

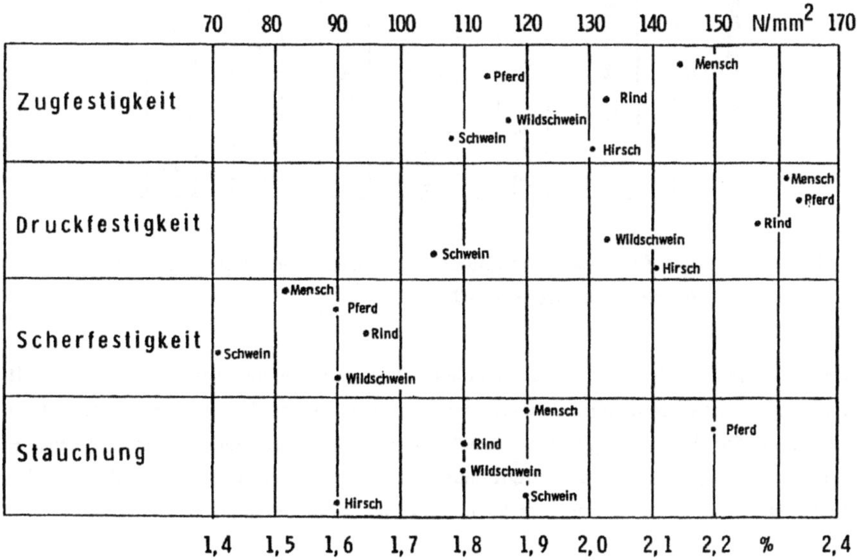

Bild 5.6 Gattungsspezifische Unterschiede einiger Materialeigenschaften (Werte nach Evans /25/)

Als weiteres treten noch gattungsspezifische Unterschiede in den Materialeigenschaften auf. Im Bild 5.6 sind für die Zerspanung wichtige Festigkeitswerte der Tibia verschiedener Gattungen zusammengestellt. Dieses Bild zeigt, daß man bei Verwendung der Tibiae von Rindern vergleichbare Ergebnisse zum Menschen erhält.

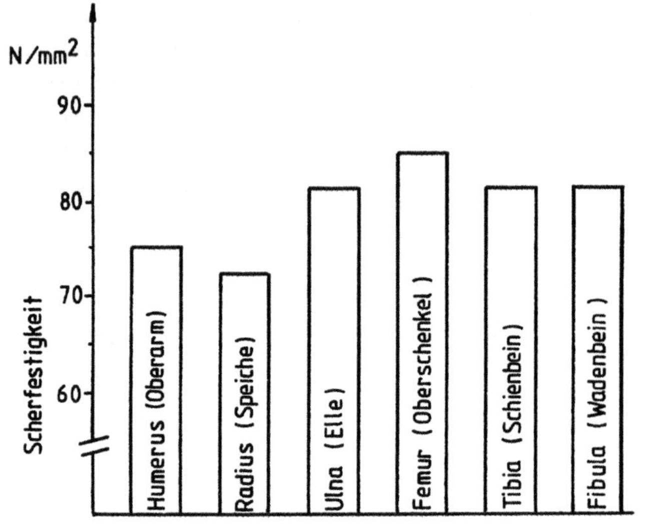

Bild 5.7 Scherfestigkeit verschiedener menschlicher Röhrenknochen (Werte nach Evans /25/)

Der anatomische Standort des Knochens hat auch einen Einfluß, man erhält von den unterschiedlichen Knochentypen auch verschiedene Ergebnisse. Bild 5.7 zeigt die Scherfestigkeit senkrecht zur Längsachse verschiedener menschlicher Röhrenknochen. Aber nicht nur die einzelnen Knochen beeinflußen die mechanischen Eigenschaften, sondern sogar der Knochen an sich selbst.

Diese Unterschiede sind noch nicht so weit erforscht wie die zwischen den verschiedenen Knochen. In neuerer Zeit versucht man immer mehr die topographischen Unterschiede des Knochens zu erforschen /2,82/. Im Bild 5.8 ist die Verteilung einiger wichtiger Größen im menschlichen Femurschaft dargestellt. Dieses Bild und das vorher beschriebene verdeutlichen gut, daß der Knochen einen wesentlichen Einfluß auf die Genauigkeit der Ergebnisse besitzt. So ist es wichtig, daß der Zerspanungsprozeß nicht für einen speziellen Knochen, sondern tendentiell für das gesamte Einsatzgebiet optimiert wird.

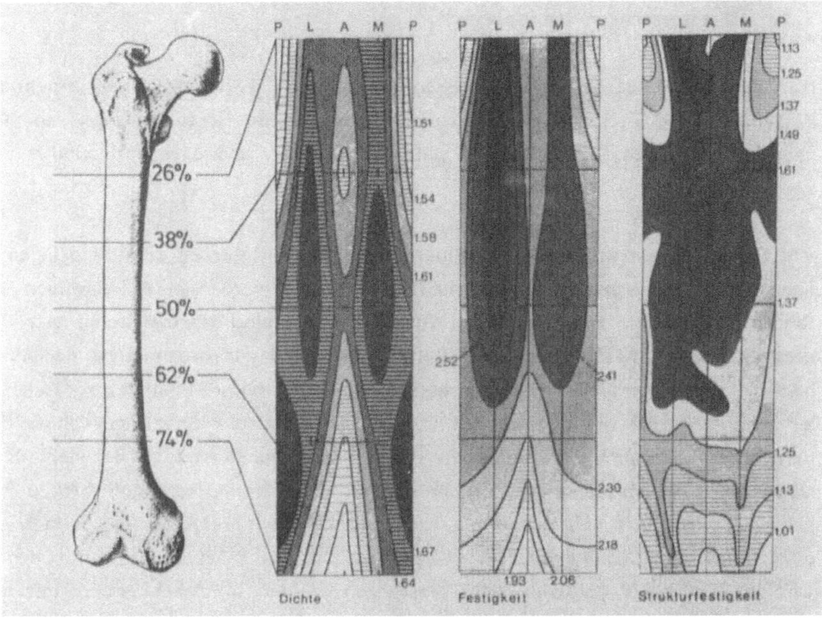

Bild 5.8 Verteilung der Dichte, der Festigkeit und der Strukturfestigkeit im menschlichen Oberschenkel /49/

P) posterior A) anterior

L) lateral M) medial

Im Hinblick auf die thermischen Eigenschaften von Knochen gibt es nur wenige Ergebnisse; das kann daher kommen, daß die Werte stark mit der Gewebezusammensetzung variieren. Der Wassergehalt scheint dabei eine besondere Rolle zu spielen /25/. In der Wärmeleitfähigkeit besteht ein erheblicher Unterschied zwischen toten, trockenen Knochen (6,07 J/(cm·s·K)) und lebenden Knochen (22,81 J/(cm·s·K)) /15/. Lundskog ermittelte bei Versuchen an totem menschlichen Knochengewebe eine spezifische Wärme von $1{,}26 \pm 0{,}04$ J/g K und eine Wärmeleitfähigkeit von $35{,}6 \cdot 10^{-3}$ (J/(cm·s·K)) /55/.

5.5. Härtemessungen am Knochen

Aus der Metallbearbeitung ist bekannt, daß der Werkstoff einen erheblichen Einfluß auf die Zerspanung besitzt /42/. Über eigene Härtemessungen am Knochen sollen verschiedene Einflüße auf den Knochen und eventuell auch auf die Zerspanung ermittelt werden.

Als Härte bezeichnet man den Widerstand, den ein Körper dem Eindringen eines anderen entgegenstellt. Für die Härteprüfung werden eine Reihe von Verfahren angeboten. Hier in dieser Arbeit erfolgt eine Härteprüfung nach Vikkers mit einem Kleinhärteprüfer (Leitz Durimet 2) zur Bestimmung der Mikrohärte. Die Vickers-Härteprüfung eignet sich für kleine Prüfkräfte. Dabei ist zu beachten, daß bei den kleinen Lasten der elastische Anteil gegenüber dem plastischen zunimmt und somit die Härte scheinbar ansteigt. Bei der Mikrohärte ist eine Streuung der Ergebnisse aus mehreren Messungen bis zu 16% bei einer Prüfkraft von 0,2 N als normal anzusehen /101/. Es ergibt sich auch eine Belastungsabhängigkeit der Härte, so daß die Härteangaben mit der jeweiligen Prüfkraft erfolgen. Die Messungen werden in dieser Arbeit mit einer Prüflast von 0,1 N (= 10 p) durchgeführt.

Für die Härtemessungen werden dem Knochen keine Proben entnommen, sondern es wird die Härte auf der Knochenoberfläche senkrecht zur Längsachse gemessen. Für eine exakte Bestimmung des Abdruckes vom Eindringkörper benötigt man eine ebene Fläche. Dazu ist es ab und zu notwendig, die Knochenoberfläche leicht zu bearbeiten. Dies muß aber mit äußerster Vorsicht geschehen; denn eigene Messungen zeigten, daß die Härte sehr stark von der Präparation abhängt. Mit der Intensität der Bearbeitung steigt auch die Härte an. Ein wichtiger Faktor bei der Härtebestimmung ist der Feuchtigkeitsgehalt des Knochens. Bild 5.9 zeigt die Härte in Abhängigkeit von der Trocknungszeit des Knochens. Ab der Entnahme des Knochens aus dem Wasserbad wird die Trocknungszeit gemessen und in jeweils kurzen Zeitabständen davon die Härte bestimmt. Die Kurve zeigt einen logarithmischen Verlauf. Die Härte steigt in den ersten 10 min sehr stark an und nähert sich dann langsam dem höchsten Wert, der bei ca. 30 min erreicht wird. Die Härte steigt von der ersten Messung bei ca. 3 min um das 3-fache an bis zum Höchstwert. Dies zeigt, daß die Feuchtigkeit einen wesentlichen Einfluß auf die Materialeigenschaften des Knochens und auch auf die Genauigkeit der Meßwerte besitzt.

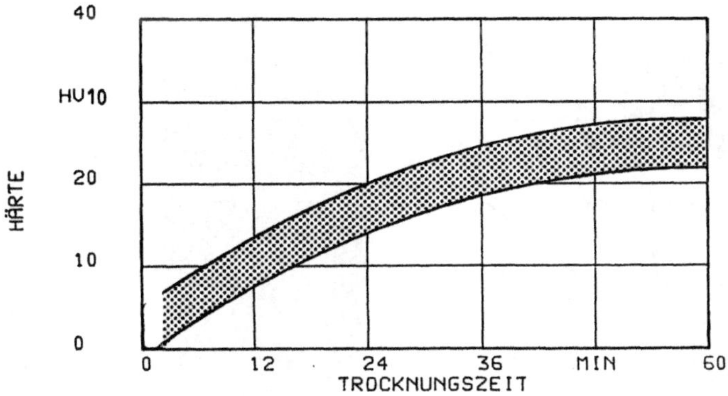

Bild 5.9 Härte in Abhängigkeit von der Trockungszeit

Im Bild 5.10 sind die Härteunterschiede radial über die Kortikalisdicke bei einer Messung in axialer Belastungsrichtung dargestellt. Dieser Kurvenverlauf zeigt, daß die Härte von außen am Periost radial zum Knochen nach innen abnimmt, um dann wieder am Endost anzusteigen. Eine vorherige Bearbeitung des Knochens, um für die Zerspanversuche gerade Bearbeitungsflächen zu erhalten, ist aus dieser Sicht abzulehnen.

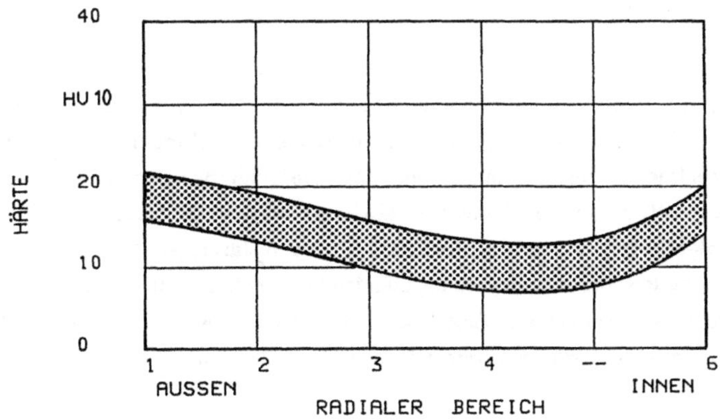

Bild 5.10 Härteunterschiede radial über Kortikalisdicke, bei Messung in axialer Richtung

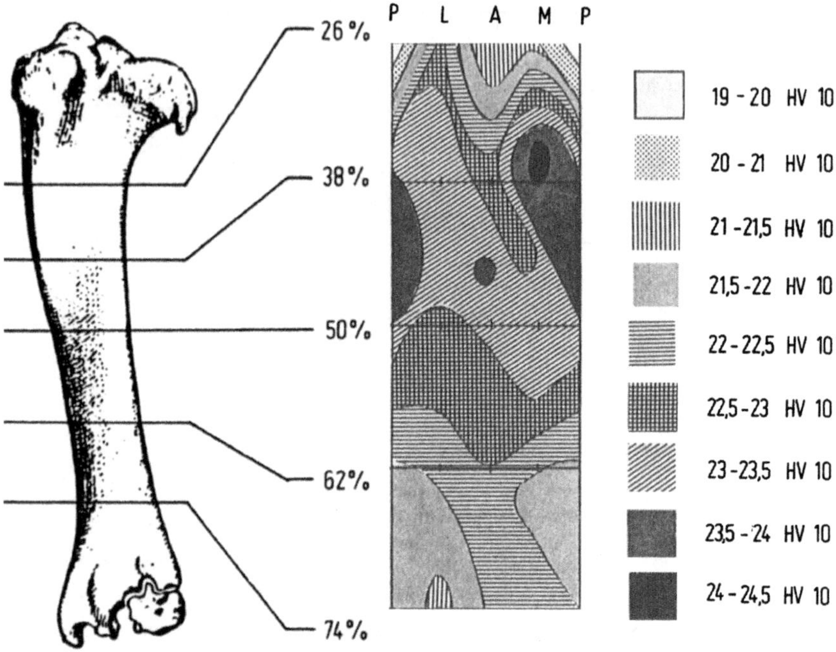

Bild 5.11 Topographische Härteunterschiede auf einer Rindstibia
P) posterior A) anterior
L) lateral M) medial

Die topographischen Härteunterschiede auf einer Rindstibia sind in Bild 5.11 dargestellt. Das Diagramm gibt eine idealisierte rechteckige Abwicklung der Knochenoberfläche wieder, wobei der "Zylinder" an der posterioren Seite aufgeschnitten und in die Zeichenebene geklappt wird. Die Unterteilung des Umfangs erfolgt dabei in den posterioren (P), den lateralen (L), den anterioren (A) und medialen (M) Quadranten. Longitudinal erfolgt die Angabe in "%" der Gesamtlänge des Knochens. Angaben über Drittel meinen immer "Drittel der Diaphyse", welche etwa den Bereich zwischen 26% und 74% der Gesamtlänge umfaßt.

Zur Ermittlung der Härtewerte werden verteilt auf der Mantelfläche der Diaphyse von vier Rindstibiae Härtemessungen mit einer Prüflast von 0,1 N durchgeführt. Die Meßergebnisse werden dann entsprechend der jeweiligen Quadranten und Dritteln zu Mittelwerten zusammengefaßt. Diese Mittelwerte dienen als Stützpunkte zum Berechnen der Härteverteilung über die Oberfläche des Knochens. Die Berechnung erfolgt mit einem Höhenlinienprogramm des Lehrstuhls für Photogrammetrie der TU-München, welches die Höhenlinien als Äquidistante der Härte über die Oberfläche ermittelt. Diese Abbildung verdeutlicht die topographischen Härteunterschiede auf der Knochenoberfläche. Die härtesten Knochenbereiche liegen im medialen und posterioren Quadranten, wobei das Härtemaximum im medialen Quadranten beim Übergang vom proximalen zum mittleren Drittel auftritt. Die Härteminima befinden sich an den beiden Endbereichen des Knochenschaftes, im Übergangsbereich von der Diaphyse zu den Epiphysen. Dabei weist aber der distale Bereich etwas höhere Härtewerte auf als der proximale. Der Härteunterschied über eine Rindstibia beträgt nach diesen Messungen 28%.

5.6. Temperaturbestimmung an einem Knochen

Wie in den vorangegangenen Abschnitten gezeigt, weist der Knochen große topographische Unterschiede in seinen Materialeigenschaften auf. Deswegen sollte ermittelt werden, inwieweit die Bohrtemperatur vom Ort auf dem Knochen abhängig ist, also wie stark der Knochen selbst die Temperatur beeinflußt. Die topographischen Temperaturunterschiede bei der Zerspanung sind in Bild 5.12 aufgezeichnet. Die Ermittlung der Temperaturwerte erfolgt in derselben Art und Weise, wie bei der Bestimmung der Härteverteilung (s. Abschn. 5.4.). Auf der Diaphyse von vier Rindstibiae werden möglichst viele Bohrversuche zur Temperaturmessung durchgeführt. Die Einzelwerte werden entsprechend der verschiedenen Bereiche zu Mittelwerten zusammengefaßt, über die mit dem Höhenlinienprogramm (s.o.) vom Lehrstuhl für Photogrammetrie der TU-München die Temperaturverteilung bestimmt wird. Der Bereich mit der höchsten Bohrtemperatur im Knochen ist der laterale Quadrant im mittleren Drittel. Von diesem höchsten Bereich fällt die Bohrtemperatur zu den angrenzenden Quadranten und Dritteln hin ab, wobei sich aber der Bereich hoher Temperaturen im posterioren Quadranten beim Übergang vom mittleren zum distalen Drittel weiter ausdehnt. Das Minimum der Temperaturen liegt am distalen Ende der Knochendiaphyse im posterioren Quadranten. Auch am proximalen Ende der Knochendiaphyse ergibt sich ein Minimum. Diese Extremwertbereiche stimmen in etwa mit denen verschiedener Werkstoffkennwerte des Knochens überein (s. Bild 5.8 und Bild 5.11).

Die ermittelten Temperaturen im Knochen liegen in ihren Einzelwerten zwischen 38 °C und 80 °C. Bei Berücksichtigung eines möglichen Meßfehlers und der üblichen Meßwertstreuung von 10 % bei der Zerspanung /59/ ergibt dies noch einen sehr großen Temperaturunterschied bei einem Knochen. Dies verdeutlicht, daß die Temperatur sehr stark vom Knochen selbst abhängig ist. Es ist aus diesem Grunde bei den Temperaturversuchen mit erheblichen Streuungen zu rechnen. Die Auswertung der Versuche mit statistischen Methoden ermöglicht die Bestimmung statistisch gesicherter Werte und damit auch eine Optimierung der spanenden Bearbeitung.

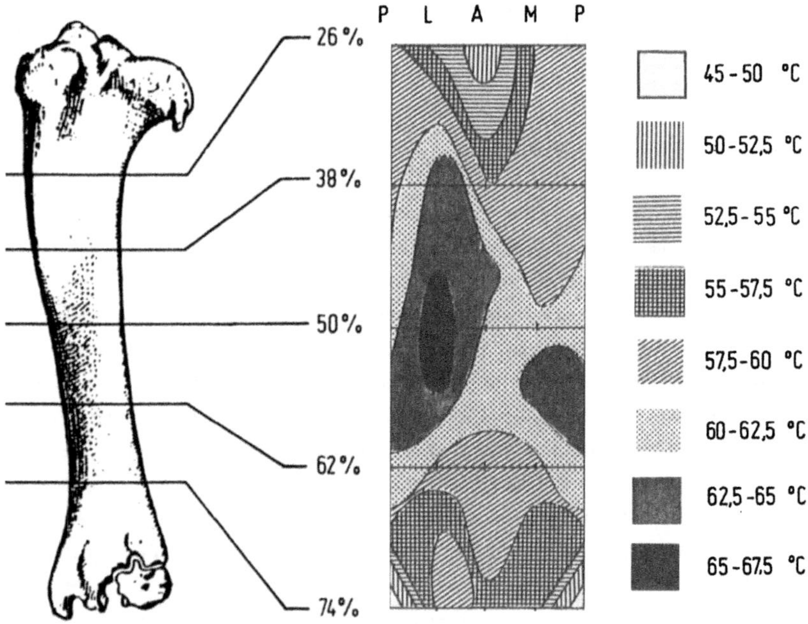

d	σ	γ_f	α_f	λ_s	k
6 mm	80°	28°	26°	-12°	1,2 mm

F_f = 40 N
n = 1000 U/min

Bild 5.12 Topographische Temperaturunterschiede auf einer Rindstibia
P) posterior A) anterior
L) lateral M) medial

6. Statistische Versuchsauswertung

6.1. Allgemeines

Zur Klärung von Sachverhalten, über die Meßwerte vorliegen, bedient man sich unter anderem der statistischen Methoden. Diese dienen dazu, einen in der Stichprobe vorgefundenen Sachverhalt auf Allgemeingültigkeit zu untersuchen. Mit Hilfe spezieller statistischer Methoden, wie z.B. der multiplen linearen Regressionsanalyse, lassen sich Beziehungen zwischen vorgefundenen Meßdaten empirisch ableiten. Weiterhin kann eine Bewertung der empirischen Modelle hinsichtlich Zuverlässigkeit und Gültigkeitsbereich vorgenommen werden.

Die Regressionsanalyse wird in der Statistikliteratur /3,4,89/ als mathematisches Problem ausführlich beschrieben, ihre Anwendung im Bereich der Fertigungstechnik ist in mehreren Fällen /37,98/ bekannt. Es soll hier keine genaue Abhandlung über die Regressionsanalyse durchgeführt werden, sondern nur die wichtigsten Bereiche des eigens für die Versuchsauswertung erstellten Programmes aufgezeigt werden. Mit Hilfe der multiplen linearen Regressionsanalyse werden die Meßgrößen der Versuche als Funktionen der untersuchten Einflußfaktoren mit dem 95%-Vertrauensintervall dargestellt.

6.2. Ermittlung der Regressionsgleichung nach der Methode der kleinsten Quadrate (MKQ)

Die Meßgrößen streuen bei jedem technischen Prozeß an einer Meßstelle i um einen Mittel- oder Erwartungswert. Der Erwartungswert läßt sich durch ein Polynom der Eingangsgrößen berechnen bzw. schätzen. Dabei kann man sich das Polynom durch eine Taylor- oder Fourierreihe entstanden denken, die hinreichend schnell konvergiert und deshalb nach einer endlichen Teilsumme abgebrochen werden darf. Es ist deshalb auch nicht möglich, die Funktion $y = f(x)$ zu finden, die die Ausgangsgröße exakt vorhersagt.

Unter einem Polynom vom Grade p in jeder Variablen versteht man nach /3/ folgenden Ansatz:

$$\eta(\underline{z},\underline{\vartheta}) = \vartheta_0 + \vartheta_1 z_1 + \ldots + \vartheta_k z_k + \vartheta_{12} z_1 z_2 + \ldots + \vartheta_{(k-1)k} z_{k-1} z_k$$

$$+ \ldots + \vartheta_{11} z_1^2 + \ldots + \vartheta_{kk} z_k^2 + \ldots + \vartheta_{m \cdots mr \cdots r} z^{p-s} z_r^s \qquad (8)$$

$$+ \ldots + \vartheta_{k \cdots k} z_k^p$$

Hier wird im folgenden der lineare Ansatz

$$\eta(\underline{z},\underline{\vartheta}) = \vartheta_0 + \vartheta_1 z_1 + \vartheta_2 z_2 + \ldots + \vartheta_l z_l = \underline{\vartheta}^T \underline{z}^T(\underline{x}) \qquad (9)$$

betrachtet. Dabei ist $\underline{\vartheta}^T$ der Vektor der linearen Regressionskoeffizienten, die vom Vektor der Einflußgrößen unabhängig sind und $\underline{z}^T$ der Vektor aus bekannten Funktionen der Einflußgrößen.

Bei der praktischen Versuchsdurchführung handelt es sich nur um Stichproben, weshalb sich die Zufalls-Variable y(x) nur bis zu einen Fehler ε durch den Erwartungswert η bestimmen läßt, d.h. die Meßwerte lassen sich durch Schätzen der Regressionskoeffizienten bis auf einen Fehler e schätzen bzw. berechnen.

Diese Schätzung beruht auf der Methode der kleinsten Quadrate /34/. Zur Vereinfachung wird die Gleichung auf Matrixform gebracht.

$$y\ (x) = Mz \cdot \underline{d} \pm \underline{e} = \underline{y}_R \pm \underline{e} \qquad (10)$$

Nach der Methode der kleinsten Quadrate muß die Summe der Quadrate der Abweichungsdifferenzen ein Minimum ergeben

$$\underline{e}^T \cdot e = (\ \underline{y}\ (\underline{x}) - Mz \cdot \underline{d}\ )^2 = (\ \underline{y}\ (\underline{x}) - \underline{y}_R\ )^2 = \text{Minimum} \qquad (11)$$

Die Bedingung für ein Minimum ergibt sich durch Nullsetzen der Ableitung von Gleichung

$$\frac{\partial(\underline{e}^T \cdot \underline{e})}{\partial\, \underline{d}} = 0 \qquad (12)$$

Nach /89/ ergibt sich der Vektor der Regressionskoeffizienten zu:

$$\underline{d} = (Mz^T \cdot Mz)^{-1} \cdot Mz^T \cdot \underline{y} \; (\underline{x}) \qquad (13)$$

Werden im Gleichungssystem bei w_i Versuchswiederholungen an einer Meßstelle i die Antwortwerte y_{ij} zu den Mittelwerten zusammengefaßt, und wird die Bedingung σ_i^2 = konstant verletzt, so muß dies durch eine Korrekturmatrix MK berücksichtigt werden. Die Korrekturmatrix besitzt auf ihrer Diagonalen die Inversen des Wichtungsvektors. Das Gleichungssystem geht dann über in

$$\underline{d} = (Mz \cdot MK^{-1} \cdot Mz^T)^{-1} \cdot Mz^T \cdot MK^{-1} \cdot \underline{y} \; (\underline{x}) \qquad (14)$$

Das Gleichungssystem läßt sich nur dann eindeutig lösen, wenn die Anzahl der Meßstellen M mindestens um eins größer ist als die Anzahl der zu bestimmenden Regressionskoeffizienten d_m.

6.3. Testverfahren zur Beurteilung von Regressionsgleichungen

6.3.1. Ausgewählte Testverfahren

Die Schätzung bzw. Berechnung der Regressionskoeffizienten muß nicht zwangsläufig zu einem passenden Regressionsansatz führen. Zur Beurteilung der Approximationseigenschaften einer empirischen Modellgleichung werden deshalb die folgenden statistischen Testverfahren eingesetzt.

- F-Test zur Prüfung der Hypothese H_0: Die lineare Regressionsgleichung ist ein passendes Modell (auch Linearitätstest von Fischer /34/)

- Partieller F-Test zur Prüfung der Hypothese H_0: Prüftest für die multiplen Regressionskoeffizienten d_m (Test der Hypothese: $d_m = 0$ /89/)

- Berechnung des Bestimmtheitsmaßes B und der Standardabweichung

- Berechnung von Vertrauensintervallen mit der t-Verteilung

- Beurteilung mit der prozentualen Abweichung

6.3.2. F-Test zur Prüfung der Linearitätshypothese (Varianzanalyse)

Mit diesem Test wird geprüft, ob die Hypothese zutrifft: die berechnete Regression ist linear. Die Prüfgröße folgt direkt einer F-Verteilung mit $f_1 = n - (l + 1)$ und $f_2 = N - n$ Freiheitsgraden. Die Hypothese kann nur angenommen werden, wenn

$$\frac{SNP/f_1}{SRS/f_2} < F\,(f_1, f_2, P\,\%) \qquad (15)$$

gilt. P ist dabei die zu wählende Sicherheit in Prozent. Dieser Test kann nur durchgeführt werden, wenn die Anzahl der Versuche N größer als die Anzahl der Meßstellen ist.

6.3.3. Partieller F-Test

Mit Hilfe dieses Tests läßt sich prüfen, ob ein Regressionskoeffizient d_m mit einem vorgeschriebenen Wert ϑ_m (insbesondere $\vartheta_m = 0$) zu vereinbaren ist. Unterscheidet sich kein Koeffizient von 0, bedeutet dies, daß y nicht von den Einflußgrößen x_q abhängt. Der jeweils im Prüftest befindliche Koeffizient ist tatsächlich (signifikant) von Null verschieden, wenn folgende Ungleichung gilt /34/:

$$\frac{d_m^2}{s^2 \cdot c_{ii}} > F\,(f_1, f_2, P\,\%) \qquad (16)$$

6.3.4. Bestimmtheitsmaß und Standardabweichung

Mit der MKQ ist durch die Berechnung des Bestimmtheitsmaßes auch eine Aussage über die Güte der Beziehung zwischen den Meßwerten und den Einflußgrößen möglich. Es gilt folgende Gleichung:

$$B = \frac{\sum_{i=1}^{n} (y_{Ri} - \bar{y})^2 \cdot n_i}{\sum_{i=1}^{n} \sum_{j=1}^{n_i} (y_{ij} - \bar{y})^2} \cdot 100\,\% \qquad (17)$$

Für die Beurteilung eines Regressionsansatzes mit Hilfe des Bestimmtheitsmaßes tritt die Einschränkung wie für den Linearitätstest nach Fischer nicht in Kraft. Die Varianz der Regressionsgleichung ergibt sich aus der Abweichung der Meßwerte y_{ij} von den durch die Regressionsgleichung berechneten Werten und es folgt damit die Standardabweichung zu

$$s = \sqrt{\frac{1}{N - l - 1} \sum_{i=1}^{n} \sum_{j=1}^{n_i} (y_{ij} - y_{Ri})^2} \tag{18}$$

6.3.5. Beurteilung nach der prozentualen Abweichung

Dengel warnt "vom Blickpunkt des Ingenieurs und Praktikers aus gesehen"/16/, vor den statistischen Tests. Richtig ist, daß der Auswerter entscheiden muß, ob eine Regressionsgleichung "paßt" oder "nicht paßt". Eine sehr anschauliche Beurteilung der Regressionsgleichung ist durch die Berechnung der prozentualen Abweichung möglich.

$$\Delta y_i = \frac{y_{vi} - \bar{y}_i}{\bar{y}_i} \cdot 100 \ \% \tag{19}$$

6.4. Statistische Versuchsplanung

6.4.1. Faktorielle Versuchspläne

Wird die Wirkung einer einzelnen Einflußgröße auf die Ausgangsgröße untersucht, geht man üblicherweise so vor, daß alle Einflußgrößen (Faktoren), bis auf eine, konstant gehalten werden. Diese Methode ist in Zeit und Kosten aufwendig und ungeeignet Wechselwirkungen zwischen verschiedenen Faktoren zu erkennen. Es gibt zu diesem Zweck faktorielle Versuchspläne, bei denen alle möglichen oder ein definierter Teil aller Kombinationen der endlich vielen Stufen jedes Faktors enthalten sind.

Bei diesen Versuchsplänen geht man von folgenden Grundsätzen aus /27/:

- Der gewählte Regressionsansatz wird nicht als wahr vorausgesetzt, er beschreibt nur hinreichend gut die wahre Wirkungsfläche.

- Zur Approximation der wahren Wirkungsfläche werden Polynome 1. und 2. Grades bzw. spezielle Polynome höheren Grades verwendet.

- Die Schätzung der Regressionskoeffizienten erfolgt nach der MKQ. Wobei zu beachten ist, daß die gefundene Gleichung für den angenommenen Regressionsansatz nach dem Kriterium der MKQ auch die passendste ist.

- Der Versuchsplan sollte jederzeit zu einem Versuchsplan höherer Ordnung erweitert werden können.

- Derjenige Versuchsplan ist optimal, der die zur Erreichung eines angestrebten Zieles erforderliche Versuchsanzahl N minimiert.

6.4.2. Vollständiger faktorieller Versuchsplan vom Typ 2^k (VFV 2^k)

Kann die Wirkungsfläche durch ein Polynom 1.Grades (p = 1) beschrieben werden, benötigt man zwei Einstellungen für jeden der k-Faktoren. Daraus ergibt sich der Typ 2^k. Bei Versuchsplänen vom Typ 2^k gibt die Basis des Exponentialausdruckes $2 = t_q$ die Anzahl der Stufen (Einstellungen) für die k-Faktoren an und es ist der Typ 2^k gleich der Anzahl der Versuchsplanpunkte n. allgemein gilt:

$$n = t_q^k \quad \text{mit} \quad t_q = p + 1 \quad \text{und } q = 1, \ldots, k \tag{20}$$

Bei k = 3 lassen sich mit 8 Versuchspunkten die Koeffizienten des entsprechenden Polynoms schätzen.

$$y\,(x) = d_0 + d_1 \cdot x_1 + d_2 \cdot x_2 + d_3 \cdot x_3 + d_4 \cdot x_1 \cdot x_2 + d_5 \cdot x_1 \cdot x_3 + d_6 \cdot x_2 \cdot x_3 + d_7 \cdot x_1 \cdot x_2 \cdot x_3 \tag{21}$$

Die beiden Stufen der Faktoren sind fest zu wählen. Für dieses Regressionsmodell wird die Varianz der Schätzung der Regressionskoeffizienten für die Stufen +1 als obere und -1 als untere Stufe jedes Faktors minimal /4/. Somit kommen als Versuchspunkte nur die Eckpunkte des k dimensionalen Würfels in Betracht. Dies wird durch entsprechende Normierung der Faktoren erreicht

$$y_i = \frac{x_i^{(o)} - \bar{x}_i^{(o)}}{\frac{b_i - a_i}{2}} \quad (i = 1, \ldots, k) \tag{22}$$

Versuch Nr.	Matrix F x_0	x_1	x_2	x_3	x_1x_2	x_1x_3	x_2x_3	$x_1x_2x_3$	Codierung	Vektor der Beobachtungen
1	+	−	−	−	+	+	+	−	(1)	y_1
2	+	+	−	−	−	−	+	+	a	y_2
3	+	−	+	−	−	+	−	+	b	y_3
4	+	+	+	−	+	−	−	−	ab	y_4
5	+	−	−	+	+	−	−	+	c	y_5
6	+	+	−	+	−	+	−	−	ac	y_6
7	+	−	+	+	−	−	+	−	bc	Y_7
8	+	+	+	+	+	+	+	+	abc	y_8

Tabelle 6.1 Schema für einen VFV 2^3 (+ = +1, - = -1)

In Tabelle 6.1 ist das Schema eines VFV 2^3 für das Polynom (21) dargestellt. Die Regressionskoeffizienten berechnen sich mit

$$\underline{d} = \frac{1}{n} \cdot Mz^T \cdot \underline{y}\ (\underline{x})$$

bzw. (23)

$$d_m = \frac{1}{n} \cdot \underline{z}_m^T \cdot \underline{y}\ (\underline{x}) \quad (m = 0, 1, \ldots, l)$$

Die Regressionsgleichung mit den nach Gleichung (23) ermittelten Koeffizienten beschreibt die Wirkungsfläche des Versuchsplanes mit den normierten Faktoren.

6.4.3. Aufsuchen optimaler Bedingungen (Box/Wilson Verfahren)

Die Methode des steilsten Anstieges nach Box/Wilson /11/ ist ein besonders geeignetes Verfahren zur Ermittlung optimaler Bedingungen. Ausgehend von einem TFV oder einem VFV wird ein Teil der Wirkungsfläche um den Punkt P_0 durch ein Polynom 1.Grades approximiert. Der Gradient der Schätzung für die Wirkungsfläche

$$\nabla_{Y_V} = \left(\frac{\partial Y_V}{\partial x_1}, \frac{\partial Y_V}{\partial x_2}, \ldots, \frac{\partial Y_V}{\partial x_k} \right) \tag{24}$$

gibt die Richtung des steilsten Anstieges an. In Richtung des Gradienten wird solange fortgeschritten bis das Maximum dieser Richtung erreicht ist. Diese Maximum bildet das Zentrum für einen weiteren Versuchsplan.

Bei dem Polynom 1.Grades sind die ermittelten Regressionskoeffizienten gleich den partiellen Ableitungen. Bei der schrittweisen Bewegung in Gradientenrichtung vom Nullniveau aus müssen die Faktoren proportional zu den Regressionskoeffizienten verändert werden. Dazu werden die normierten Regressionskoeffizienten wieder mit ihrer Dimension behaftet. Die Schrittweite wird für einen Faktor sinnvoll vorgegeben und für die weiteren proportional bestimmt. Ein brauchbares Ergebnis liefert diese Methode, wenn sich die ermittelten Koeffizienten signifikant von Null unterscheiden (s. Abschn. 6.3.3.).

7. Der Zerspanprozeß in der Knochenbearbeitung

7.1. Die Spanbildung

Unter Zerspanprozeß versteht man den Vorgang, der zwischen der Werkzeugschneide und der Wirkstelle des Werkstückes abläuft und als Ergebnis einen Span abhebt. Beim Zerspanvorgang dringt ein Schneidkeil infolge der Relativbewegung zwischen Werkzeug und Werkstück ins Werkstück ein und verdrängt den in Schnittrichtung vor ihm liegenden Werkstoff. Dabei wird der Werkstoff gestaucht und geht durch Scherung in den Span über. Bild 7.1 zeigt die Wirkstelle zwischen Spiralbohrer und Knochen als Momentaufnahme. Gut zu erkennen sind die beiden an den Hauptschneiden entstehenden Späne an der Kegelfläche der Bohrung. Von der Querschneide des Spiralbohrers wird ein Doppelspan erzeugt, weil in der Bohrerachse keine Wirkbewegung stattfindet. Dieser Doppelspan erscheint am Grund der Bohrung. Aus diesem Bild 7.1 ist auch die wesentliche Bedeutung des Spanwinkels auf die Spanbildung ersichtlich.

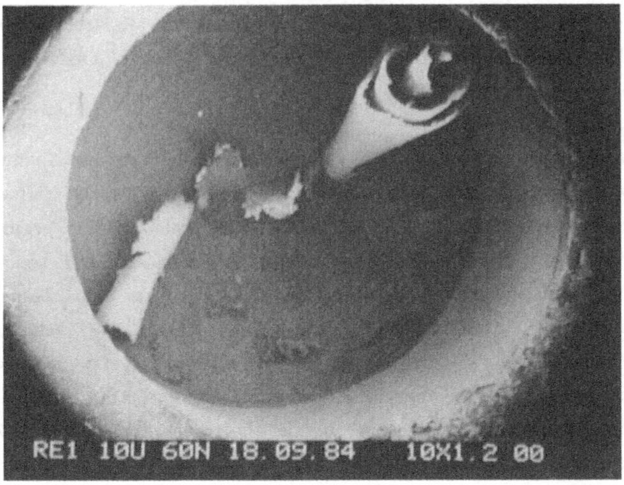

d	σ	γ_f	α_f	λ_s	k
6 mm	120^0	28^0	14^0	-10^0	1,2 mm

F_f = 60 N
n = 1000 U/min

Bild 7.1 Wirkstelle zwischen Spiralbohrer und Knochen (V = 22)

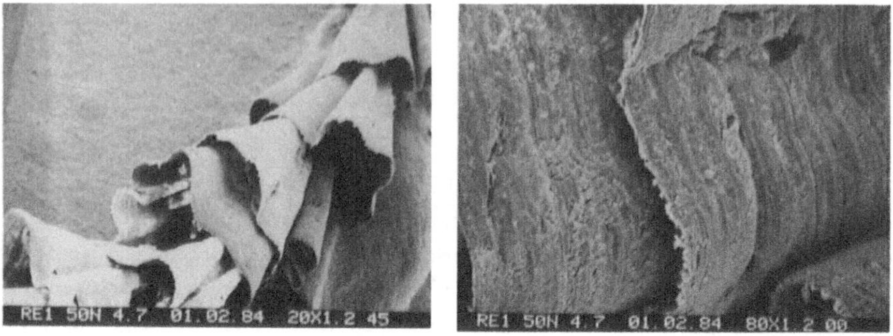

a, b,

Bild 7.2 Span beim Bohren von Knochen
a) V = 24 b) V = 96

Entsprechend der Spanwinkeländerung längs der Hauptschneide (s. Abschn. 4.1 Bild 4.3) ändert sich auch die Ablenkung des Spanes. Mit der Spanwinkelabnahme zur Querschneide hin wird der Span immer stärker abgelenkt und sein Krümmungsradius nimmt ab.

Bild 7.2,a zeigt eine beim Bohren von Knochen auftretende Spanform, die dem Wendelspan ähnlich ist. Dieser Span besitzt die typische trichterförmige Struktur, welche sich durch die Änderung des Krümmungsradius ergibt. Dieser Span weist nicht die eindeutige Form eines Wendelspanes auf, sondern stellt eine Übergangsform zwischen Wendel- und Lamellenspan dar. Lamellenspäne treten vermehrt bei ungleichmäßigem Gefüge auf /38/. Eine derartige Spanform entsteht bei einer Fließspanbildung. Im Bild 7.2,b ist das weitgehend gleichmäßig verformte Gefüge mit Flußlinien zu erkennen. Die feinen Unterbrechungen in der Struktur ergeben sich aus der Inhomogenität des Knochens. Bei Änderung wichtiger Parameter für die Spanbildung geht sie in eine diskontinuierliche Spanbildung über. So bilden sich bei Spanwinkelabnahme und Schnittgeschwindigkeitserhöhung Lamellenspäne, deren einzelne Spanlamellen immer kleiner werden und ohne jeden Zusammenhalt stehen.

Beim Sägen und Fräsen, bei denen mit kleinen Spanwinkeln und hohen Schnittgeschwindigkeiten gearbeitet wird, entstehen keine den bekannten Spanformen zuordenbare Späne. Es bildet sich ein grob- bis feinkörniger Knochenstaub, der in Abhängigkeit von seinem Feuchtigkeitsgehalt durch die Turbulenzen der sich bewegenden Werkzeuge mehr oder weniger weit im Operationsfeld herumwirbelt.

7.2. Zerspankraft

Zur Abscherung der Späne muß vom Werkzeug eine notwendige Zerspankraft aufgebracht werden. Diese Kraft, die beim Zerspanvorgang längs der Berührungspunkte des Wirkpaares Werkzeug-Werkstück angreift, setzt sich aus einer Trenn-, Verformungs- und Reibkraft zusammen. Die daraus resultierende Gesamtschnittlast läßt sich durch eine Einzelkraft ersetzt denken, die als Zerspankraft F bezeichnet wird. Unter Berücksichtigung der Zweischneidigkeit des Spiralbohrers entsprechen die an den Hauptschneiden angreifenden Kräfte den Zerspankräften F_1 und F_2 (Bild 7.3). Setzt man einen symmetrischen Anschliff und symmetrische Schnittlastverteilung voraus, stimmen beide Kräfte bezüglich der jeweiligen Hauptschneide in Betrag und Richtung überein. Die Projektion der Zerspankräfte in Schnittrichtung ergibt die Schnittkräfte F_{c1} und F_{c2}, die

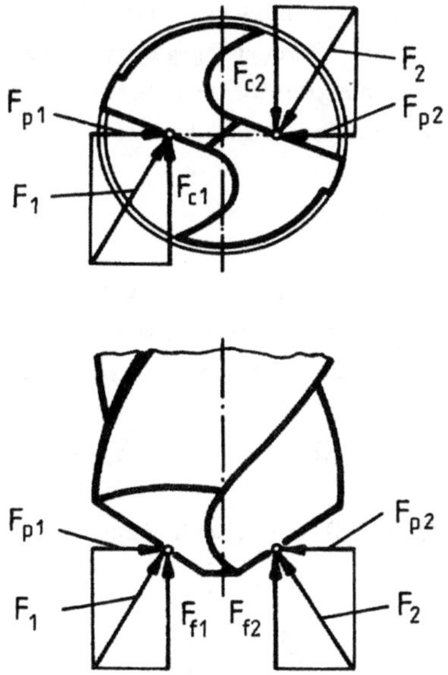

Bild 7.3 Zerspankraftkomponenten am Spiralbohrer

ein Drehmoment zur Folge haben. Durch Messung des Drehmomentes lassen sich aber nicht ohne weiteres Schlüsse auf die Schnittkräfte ziehen, da der Abstand ihres Angriffspunktes zur Bohrerachse nicht bekannt ist. Entsprechend der allgemein üblichen Annahme soll im folgenden mit einem Hebelarm von d/4 für die Schnittkräfte gerechnet werden. Damit ergibt sich das Drehmoment zu:

$$M_d = \frac{2 \cdot F_c \cdot d}{4} = \frac{F_c \cdot d}{2} \qquad (25)$$

Die Projektion der Zerspankräfte in Vorschubrichtung ergibt die Vorschubkräfte F_{f1} und F_{f2}, deren Resultierende bei gleicher Vorraussetzung wie oben in der Spiralbohrerachse liegt.

Zur Auslegung der Werkzeugmaschinen und theoretischen Abschätzung des Energiehaushaltes wird versucht, die Schnittkraft analytisch zu bestimmen. Dazu wurden viele empirische Berechnungsgleichungen entwickelt, die alle nur Näherungslösungen darstellen, weil die vielen Einflußgrößen nicht berücksichtigungsfähig sind. Das bekannteste und meist angewandte Berechnungsverfahren wurde erstmals von Kienzle /42/ entwickelt und von Victor /95/ und Spur /87/ bestätigt und erweitert. Diese Berechnungsgleichung geht von einem linearen Zusammenhang zwischen Spanungsbreite und Schnittkraft und einem exponentiellen Zusammenhang zwischen Spanungsdicke und Schnittkraft aus.

$$F_c = b \cdot h^{1-m_c} \cdot k_{c1.1} \qquad (26)$$

$k_{c1.1}$ ist die auf einen Spanungsquerschnit von b h = 1 1 mm^2 bezogene spezifische Schnittkraft. 1 - m_c wird als Anstiegswert bezeichnet. Spanungsdicke h und Spanungsbreite b ergeben sich nach Bild 7.4 zu:

$$h = \frac{f}{2} \cdot \sin \varkappa_r \qquad (27) \quad \text{und} \quad b = \frac{d}{2 \cdot \sin \varkappa_r} \qquad (28)$$

Mit den Gleichungen (26) - (28) ergibt sich dann ein analytisch berechenbares Drehmoment zu

$$M_d = \frac{d^2}{4 \cdot \sin \varkappa_r} \cdot \left(\frac{f}{2} \cdot \sin \varkappa_r \right)^{1-m_c} \cdot k_{c1.1} \qquad (29)$$

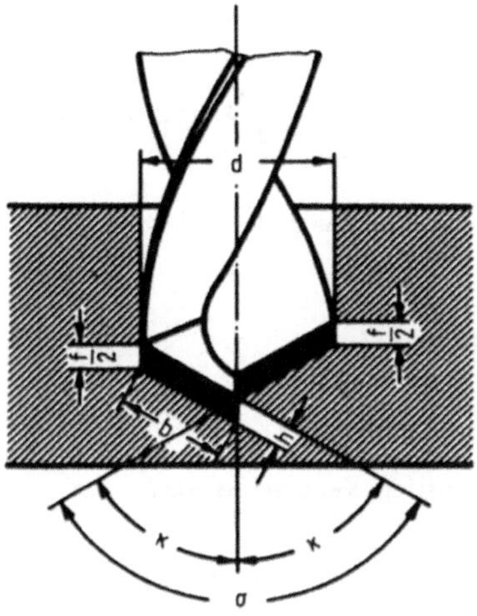

Bild 7.4 Spanungsgrößen beim Bohren

In Anlehnung an diese Formel entwickelte Spur /87/ eine Gleichung zur Ermittlung der Vorschubkraft:

$$F_f = d \cdot h^{1-m_f} \cdot k_{f1,1} \qquad (30)$$

und mit Gleichung (26)

$$F_f = d \cdot \left(\frac{f}{2} \cdot \sin \kappa_r\right)^{1-m_f} \cdot k_{f1.1} \qquad (31)$$

Die Gleichungen (29) und (31) geben den Zusammenhang zwischen den Zerspankräften und den Spanungsgrößen an. Mit einer experimentellen Bestimmung der meßbaren Größen schafft man sich die Grundlage zur analytischen Berechnung. Mit Hilfe der Regressionsanalyse ist es möglich, die gewünschten Haupt- und Anstiegswerte mit ihren Vertrauensbereichen zu bestimmen.

Gleichung (29) wird umgeformt zu

$$\frac{4 \cdot M_d \cdot \sin \kappa_r}{d^2} = \left(\frac{f}{2} \cdot \sin \kappa_r\right)^{1-m_c} \cdot k_{c1.1}$$

und logarithmiert

$$\ln\left(\frac{4\cdot M_d\cdot\sin\varkappa_r}{d^2}\right) = (1 - m_c)\cdot\ln\left(\frac{f}{2}\cdot\sin\varkappa_r\right) + \ln k_{c1.1} \qquad (32)$$

Sie entspricht einer Geradengleichung der Form

$$y = a\cdot x + b$$

Durch Bestimmung der Faktoren

$$a = 1 - m_c \qquad\qquad b = \ln k_{c1.1}$$

lassen sich Haupt- und Anstiegswert ermitteln.

Analog zur Auswertung des Drehmomentes kann auch die für die Vorschubkraft nach Gleichung (31) durchgeführt werden. Mit der Logarithmierung

$$\ln\frac{F_f}{d} = (1 - m_f)\cdot\ln\left(\frac{f}{2}\cdot\sin\varkappa_r\right) + \ln k_{f1.1} \qquad (33)$$

entspricht sie auch der Geradengleichung der Form

$$y = a\cdot x + b$$

Die Auswertung dieser Gleichungen mit der im vorherigen Kapitel beschriebenen Regressionsanalyse ergibt die Haupt- und Anstiegswerte für die Schnittkraft

$$k_{c1.1} = 115{,}11 \pm 32{,}5\ \mathrm{N/mm^2}; \qquad 1 - m_c = 0{,}556 \pm 0{,}07$$

und für die Vorschubkraft

$$k_{f1.1} = 105{,}4 \pm 40{,}3\ \mathrm{N/mm^2}; \qquad 1 - m_f = 0{,}707 \pm 0{,}08$$

Der Vertrauensbereich umfaßt alle Werte, die mit einer Sicherheit von 95% nach der t-Verteilung in diesem Bereich liegen. Diese Werte beziehen sich auf die spanende Bearbeitung von Rindstibiae mit Spiralbohrern. Die Haupt- und Anstiegswerte werden aus den Meßgrößen Drehmoment, Vorschubkraft und Vorschubweg (s. Abschn. 7.4.) bei der Spiralbohreruntersuchung errechnet.

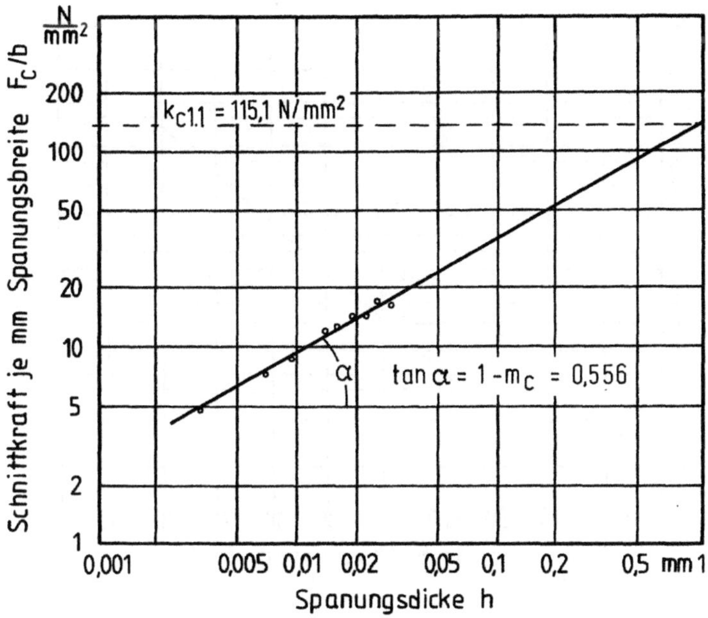

Bild 7.5 Graphische Ermittlung der Zerspankennwerte

In einem logarithmischen Koordinatensystem besitzt die Lösung der Gleichung (26) eine Gerade (Bild 7.5). Bei Auftragen der auf die Spanungsbreite b normierten Schnittkraft F_c über die Spanungsdicke h, ergibt sich bei h = 1 mm die spezifische Schnittkraft $k_{c1.1}$. Die Steigung der Geraden durch die Meßpunkte entspricht dem Anstiegswert (tan α = 1 - m_c).

Da sich kein Meßvorgang völlig fehlerfrei durchführen läßt, wird für die Überprüfung des Schnittkraftgesetzes, Gleichung (26), in Anlehnung an DIN 1319 definiert:

$$\xi = \frac{F_{cg} - F_{cth}}{F_{cth}}$$

Mit dieser Definition werden alle Abweichungen erfaßt. Auch ein theoretish unrichtiger Ansatz, der in Gleichung (26) enthalten sein könnte, würde sich in der relativen Abweichung ξ zeigen. Mit dieser Abweichung läßt sich eine Normalverteilung überprüfen.

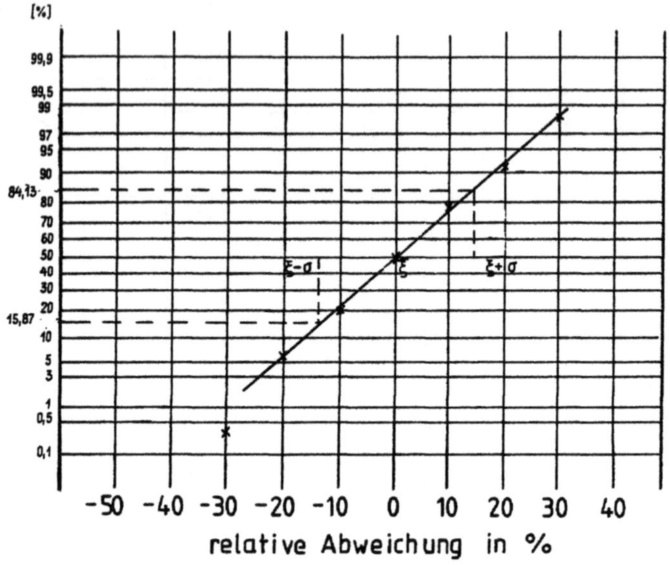

Bild 7.6 Summenhäufigkeit der relativen Abweichungen

Im Bild 7.6 ist die Summenhäufigkeit der relativen Abweichungen im Wahrscheinlichkeitsnetz aufgetragen. Wie man erkennen kann, wird eine Normalverteilung recht gut erreicht. Aus diesem Grunde läßt sich das Gesamtergebnis mit dem Mittelwert der relativen Abweichungen $\bar{x}$ = 0% und der Standardabweichung $s_{ges} = \pm 14\%$ wiedergeben.

Die Bedeutung dieser Größen läßt sich folgendermaßen interpretieren, daß 95% aller betrachteten Versuchsergebnisse nicht weiter als ± 28% von dem mit Gleichung (26) errechneten theoretischen Schnittkraftwert F_{cth} entfernt liegen. In dieser Abweichung sind alle zufälligen und systematischen Fehler, sowie die Abweichungen aus einem fehlerhaften Ansatz von Gleichung (26) enthalten.

Vergleicht man die hier ermittelte Standardabweichung von 14% mit der bei der Metallzerspanung berechneten von 13,5% /8/, dann zeigt sich, daß die Schnittkraftgleichung (26) für die theoretische Drehmomentbestimmung in der spanenden Knochenbearbeitung mit der fast gleichen Aussagegüte wie in der Metallbearbeitung angewendet werden kann.

7.3. Die Zerspantemperatur

Bei jedem Zerspanprozeß wird die mechanische Arbeit, bis auf die vernachlässigbar geringe kinetische Energie des Spanes und der entstehenden Eigenspannungen im Werkstoff, in thermische Energie umgewandelt. Beim Bohren kann die Bohrarbeit in erster Näherung aus der Beziehung

$$W_B = \int_{\varphi = 0}^{\varphi = \varphi_{max}} M_d \cdot d\varphi \qquad (34)$$

errechnet werden. Die Bohrarbeit wird also durch die Höhe des Drehmomentes und durch den zurückgelegten Weg der Schneidenecke festgelegt. Die Umwandlung der mechanischen Arbeit in Wärme erfolgt während des Eingriffs des Spiralbohrers in verschiedenen Zonen (Bild 7.7):

- In der Scherzone und im Werkstück nahe der Scherzone durch plastische Verformung des Werkstoffes;

- vor der Schneidkante des Werkzeuges durch die Trennarbeit und die vom Zustand des Werkzeuges abhängige Reibung eines Teiles der Freifläche auf der Werkstückoberfläche;

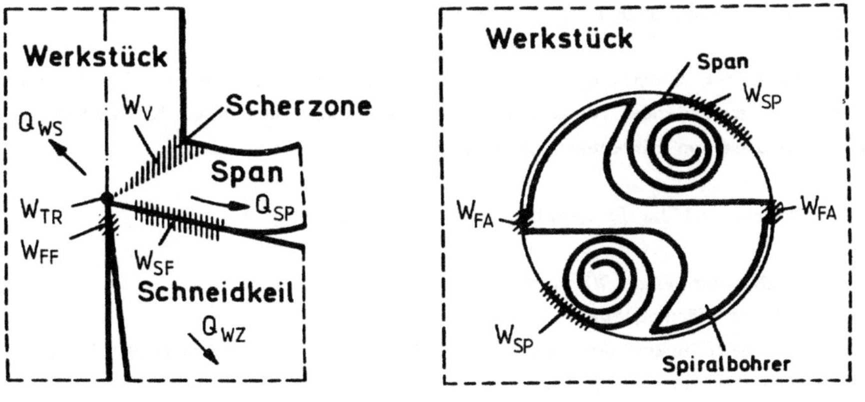

Bild 7.7 Wärmeerzeugung und Wärmeabfuhr beim Bohren

- auf der Spanfläche des Werkzeugs durch die äußere und innere Reibung des ablaufenden Spanes;

- in der Kontaktzone Spiralbohrer und Bohrungswand durch die Reibung der Fase der Nebenfreifläche des Spiralbohrers an der Bohrungswand;

- in der Kontaktzone von Span und Bohrungswand durch die Reibung der ablaufenden Späne an der Bohrungswand.

Danach setzt sich die Bohrarbeit W_B aus der Verformungsarbeit W_V, der Reibarbeit an der Spanfläche W_{SF} und der Freifläche W_{FF} des Bohres, der Trennarbeit W_{TR} und der Reibarbeit der Fasen W_{FA} und der Späne W_{SA} an der Bohrungswand zusammen.

$$W_B = W_V + W_{SF} + W_{FF} + W_{TR} + W_{FA} + W_{SP} \qquad (35)$$

Die Größe der in diesen Zonen entstehenden Teilwärmemengen führt allerdings nicht zu einer direkt proportionalen Temperaturerhöhung. Die örtlich im Werkzeug, im Span und im Werkstück auftretenden Temperaturen sind im wesentlichen von der Ableitung der Wärme abhängig. Anteilmäßig wird die aus dem Zerspanungsprozeß entstehende Wärmemenge von den Spänen, dem Werkzeug, dem Werkstück, evtl. einem Kühlmittel und der Umgebung abgeführt. Von A.O. Schmidt /81/ wird eine Aufteilung der Wärmemengen für das Bohren von Metallen wie folgt angegeben (Bild 7.8).

Von besonderer Bedeutung bei der spanenden Knochenbearbeitung ist die im Werkstück auftretende Temperatur. Von ihrer Höhe und ihrer Einwirkzeit ist das Auftreten von Hitzenekrosen abhängig.

Im einzelnen sind die Temperaturen bestimmt durch:

- örtlich entstehende Wärmemengen (Leistung),
- Lage der Wärmequellen,
- Wärmeleitfähigkeit des zerspanenden Werkstoffes und des Schneidstoffes,
- Größe der wärmeabführenden Querschnitte,
- Kontaktzeit von Werkstück/Werkzeug und Werkstück/Span,
- zusätzliche Wärmeabführung.

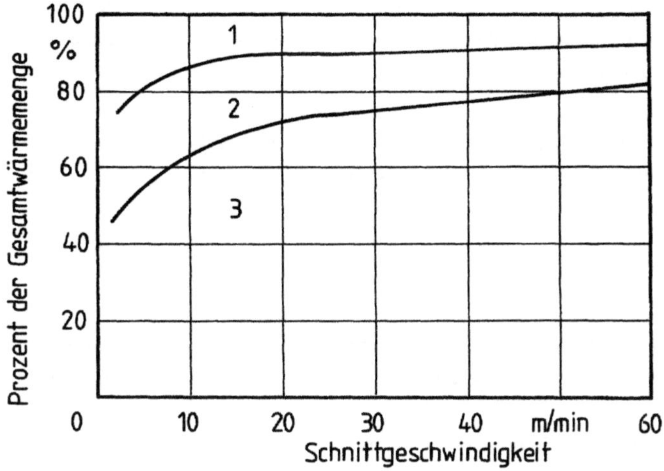

Bild 7.8 Wärmeverteilung beim Bohren nach A.O.Schmidt /81/
1. Wärmemenge im Werkstück, 2. Wärmemenge im Werkzeug,
3. Wärmemenge im Span

Durch eine Beeinflussung dieser einzelnen Punkte kann die Temperatur verändert werden. Da die Bohrarbeit sich entsprechend dem Wärmeäquivalent in Wärme umwandelt, kann eine Senkung der entstehenden Wärmemenge durch die Verminderung der Bohrarbeit erzielt werden. Die Verkleinerung der Schnittkraft und des Schnittweges hat eine Verminderung der Wärmeentwicklung und der Schnittemperatur zur Folge.

Von besonderer Bedeutung bei der spanenden Knochenbearbeitung ist die im Werkstück auftretende Temperatur. Von ihrer Höhe und ihrer Einwirkzeit ist das Auftreten von Hitzenekrosen abhängig. Um den Unterschied zwischen Werkzeug- und Werkstücktemperatur aufzuzeigen werden Versuche durchgeführt, bei denen beide Temperaturen bestimmt werden.

Dazu wird bei einem Spiralbohrer der Steg (Nebenfreifläche) weitgehend entfernt, anstatt dessen wird ein Thermoelement eingelötet. Um keine großen Veränderungen des Bohrwerkzeuges zu erhalten, wird die Freifläche mit Lot weitgehend nachgebildet. Die Temperatur an der Bohrlochwand wird mit einem

Thermoelement ermittelt, dessen aufgebrachte Spitze abgeschert wird und dabei den Spiralbohrer berührt. Auf diese Weise kann die Bohrlochwandtemperatur exakt bestimmt werden.

Die gleichzeitige Messung beider Temperaturen zeigt, daß die Temperatur an der Bohrlochwand bei einer Drehzahl von 1000 U/min (v_c = 15,7 m/min) 57% der Temperatur des Spiralbohrers beträgt. Mit der Beziehung

$$T_{WZ} \sim T_{WS}$$

daß die Bohrertemperatur der Bohrungswandtemperatur proportional ist, kann man auf die Temperaturverteilung im Knochen bei der Bearbeitung schließen.

Die Temperaturverteilung wird über eine gleichzeitige Messung der Temperatur des Bohrers und der im Knochen ermittelt. Das Ergebnis ist im Bild 7.9 dargestellt. Es ist das Verhältnis von der Wand- zur Thermoelementtemperatur T_{WS}/T_{TE} über die Restwandstärke zwischen Thermoelement und Spiralbohrer aufgetragen. Der Kurvenverlauf zeigt ein großes Temperaturgefälle zwischen Bohrungswand und umgebendem Werkstoff.

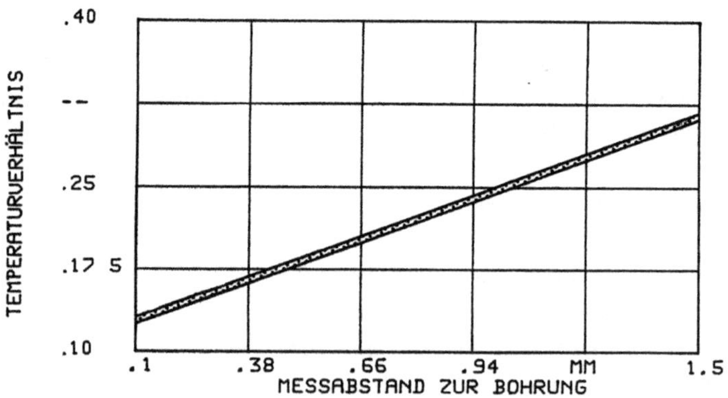

Bild 7.9 Verhältnis von Bohrertemperatur und Knochentemperatur in Abhängigkeit vom Meßabstand zur Bohrung

Die mathematische Beschreibung des instationären Temperaturfeldes ist mit der Fourier-Differentialgleichung der Wärmeleitung gegeben /19/:

$$\frac{\partial T}{\partial t} = a \cdot \nabla^2 \cdot T + \frac{\dot{q}}{\rho \cdot c} \qquad (36)$$

Diese Gleichung (36) läßt erkennen, daß die Wärmeleitfähigkeit λ und die Temperaturleitzahl

$$a = \frac{\lambda}{\rho \cdot c} \qquad (37)$$

wichtige Größen für die Ausbildung des Temperaturfeldes darstellen. Aufgrund der geringen Wärmeleitfähigkeit (λ = 22,8 J/cm s K) des Knochens wird die entstehende Wärmemenge nur langsam abgeführt. Die sehr niedrige Temperaturleitzahl (a = 0,00052 m^2/h) läßt ein großes Temperaturgefälle im Knochen erwarten.

Die Fourier-Differentialgleichung der Wärmeleitung (36) läßt keine einfache Lösung zu. Lössl /53/ bietet für die Berechnung des Temperaturfelds des Werkzeuges eine Lösung der vereinfachten Gleichung - ohne Wärmequellen und mit einer Ortskoordinate - an. Mit Einführung der Wärmeeindringfähigkeit

$$b = \sqrt{c \cdot \rho \cdot \lambda} \qquad (38)$$

weißt er nach, daß man je nach Auswahl des Schneidstoffes mehr oder weniger der anfallenden Wärme über das Werkzeug abführen kann.

7.4. Die Meßgrößen des Zerspanprozesses

In der Fertigungstechnik wird die Zerspanbarkeit eines Werkstoffes mit verschiedenen Methoden beurteilt /77/. Die Beurteilungskriterien richten sich nach dem Ziel der Untersuchung. In dieser Arbeit sollen die Werkzeuge für die spanende Knochenbearbeitung optimiert werden, um die Gefahren beim Einsatz zu minimieren.

Aus diesem Grund erfolgt die Beurteilung in dieser Arbeit mit vier Meßgrößen, der Schnittemperatur, dem Drehmoment, der Vorschubkraft und der normierten Vergleichszeit. Die Vergleichszeit gibt die Bohrdauer pro Bohrtiefe normiert auf 10 mm an. Diese Normierung ist nötig, um eine Vergleichsmöglichkeit der Versuche bzgl. der Schnittzeit zu erzielen; denn bei jedem Versuch wird der Knochen bis ins Mark durchbohrt und die Kortikalis besitzt in Abhängigkeit vom Ort eine unterschiedliche Stärke.

Diese vier Meßgrößen werden gewählt, weil

- die im Knochen auftretende Schnittemperatur bei der Knochenbearbeitung für das Auftreten von Hitzenekrosen von ausschlaggebender Bedeutung ist,

- durch Senkung der Schnittkraft, die das Drehmoment beinhaltet, eine Senkung der nötigen Energie zum Zerspanen und damit eine Schnittemperaturerniedrigung erzielt wird,

- die Vorschubkraft beim Durchbruch des Bohrers Aufschluß über das Einziehverhalten zuläßt und man eine Überprüfung des Vorschubgewichtes besitzt,

- für das Auftreten von Hitzenekrosen nicht nur die Schnittemperatur, sondern auch deren Einwirkzeit von Bedeutung ist und weil darüber hinaus die normierte Vergleichszeit ein Maß für gute Zerspanbarkeit und leichter Durchführung der Zerspanvorganges darstellt.

Diese Meßgrößen werden bei den Versuchen aufgezeichnet und anschließend ausgewertet. Bild 7.10 zeigt als Beispiel die einzelnen Meßsignale über der Schnittzeit beim Bohren von Knochen. Dabei sind folgende Abhängigkeiten und Zusammenhänge zu erkennen.

Beim Auftreffen des Bohrers auf den Knochen in Punkt A wird das konstante Vorschubgewicht sofort wirksam. Das Vorschubkraftsignal steigt bis auf seinen maximalen Wert an, auf dem es bis zur Beendigung des Bohrvorganges ziemlich konstant verharrt (Bild 7.10,a). Beim Durchbrechen des Bohrers in den Markraum in Punkt C fällt die Vorschubkraft sofort ab. Sie kann sogar negative Werte annehmen, welche das Einziehverhalten des Bohrers beschreiben (s. Abschn. 8.3.3.).

Das Drehmoment hingegen steigt beim Eindringen des Spiralbohrers in den Knochen in Punkt A stetig an, bis die Hauptschneiden im Punkt B voll im Ein-

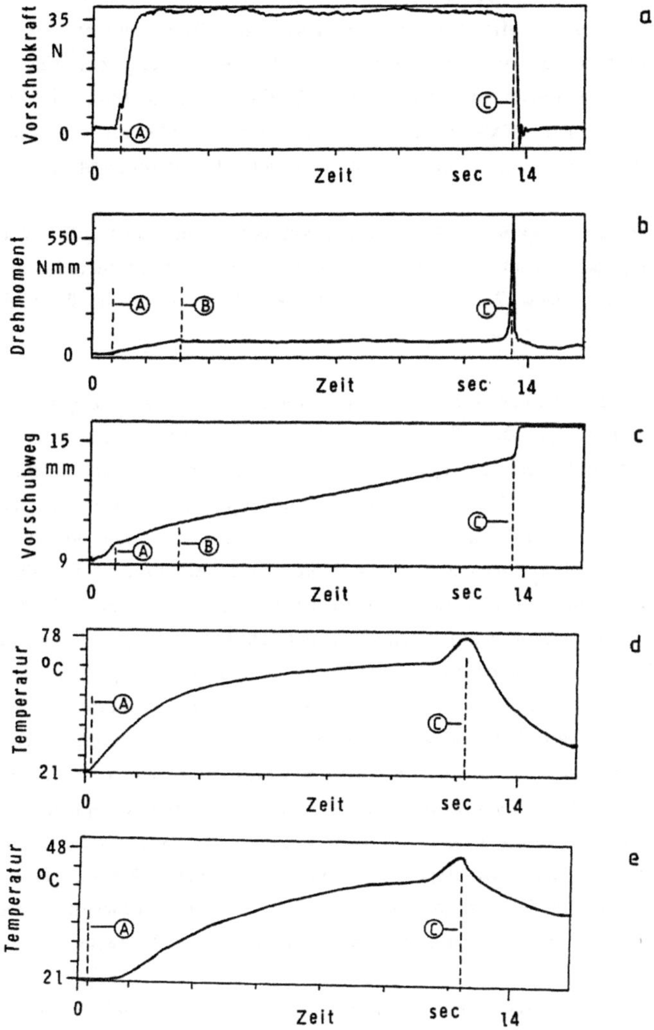

d	σ	γ_f	α_f	λ_s	k
5 mm	120°	26°	20°	-12°	1 mm

F_f = 35 N

n = 1000 U/min

Bild 7.10 Meßsignale über der Schnittzeit beim Bohren von Knochen

a) Vorschubkraft b) Drehmoment c) Bohrweg

d) Temperatur des Spiralbohrers

e) Temperatur im Knochen

griff sind (Bild 7.10,b). Dieses stetige Anwachsen resultiert aus der ständigen Zunahme der Spanungsbreite über der Bohrerspitze. Beim weiteren Eindringen des Spiralbohrers steigt das Drehmoment durch die Reibung der Fase an der Bohrungswand noch leicht an. Nach dem Querschneidenaustritt im Punkt C ergibt sich wegen der stark erhöhten Vorschubgeschwindigkeit und des damit verbundenen hohen Spanungsvolumens eine sehr hohe Drehmomentspitze.

Die Vorschubgeschwindigkeit stellt sich bei Versuchen mit konstanter Vorschubkraft in Abhängigkeit vom Knochenaufbau ein. Diesen Zusammenhang zeigt der Vorschubwegverlauf (Bild 7.10,c), der nicht konstant über die Bohrzeit verläuft.

Vergleicht man den Temperaturverlauf mit diesen Meßsignalen ergibt sich folgender Zusammenhang. Die Temperatur des Spiralbohrers (Bild 7.10,d), die mit einem Thermoelement im Bohrer möglichst nahe an der Schneidkante gemessen wird (s. Abschn. 7.3), steigt nach Eindringen des Bohrers in den Knochen im Punkt A schnell auf ihren maximalen Wert an, den der Bohrer bis zur Beendigung des Bohrvorganges ziemlich konstant beibehält. Beim Durchbrechen des Bohrers in den Markraum in Punkt C ergibt sich eine Temperaturspitze. Diese Temperaturspitze entspricht der Drehmomentspitze, womit sich die erhöhte Bohrenergie auch in der erhöhten Temperatur zeigt. Die Temperatur im Werkstück (Bild 7.10,e), die mit einem Thermoelement im Knochen möglichst nahe an der Bohrungswand gemessen wird (s. Abschn. 3.4), steigt wegen des Abstandes der Meßstelle vom Bohrereintritt und des Temperaturgefälles über die Restwandstärke erst zu einem späteren Zeitpunkt an. Die Werkstücktemperatur steigt wegen der Wärmequelle des Bohrers bis zum Bohrende kontinuierlich leicht an, liegt aber immer erheblich unter der Bohrertemperatur. Am Ende des Bohrvorganges kann sich die Temperaturspitze des Bohrers in Abhängigkeit von der Restwandstärke im Meßsignal bemerkbar machen.

Das Zusammenwirken von Vorschubkraft und Drehmoment bei Versuchen mit konstanter Vorschubkraft zeigt deutlich Bild 7.11. Diese beiden Meßsignale sind in ihren Signalschwankungen genau gegenläufig. Die Erklärung ergibt sich mit aus dem nächsten Bild durch Hinzuziehen des Wegsignales. Im Bild 7.12,a ist das Vorschubkraft- und Wegsignal bei einer Versuchsdurchführung mit konstanter Vorschubkraft aufgezeichnet. In diesem Bild kann die gleiche Phasenverschiebung festgestellt werden. Dies ist mit der Gleichheit von actio und reactio erklärbar. Der Knochen setzt dem Werkzeug einen Widerstand entge-

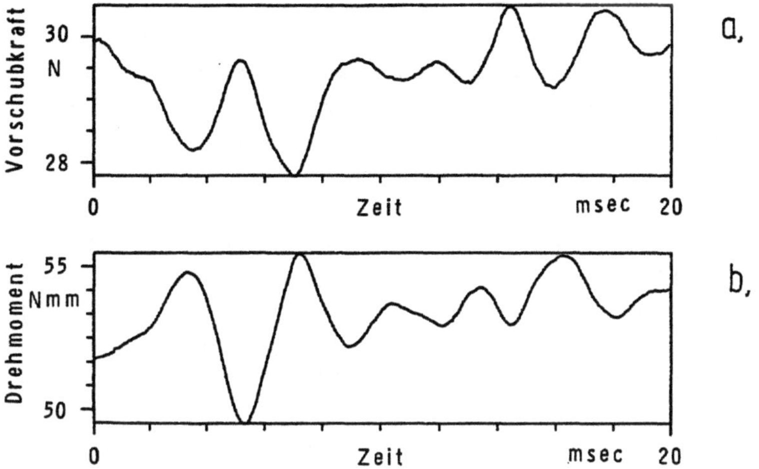

d	σ	γ_f	α_f	λ_s	k
4,5 mm	90°	12°	20°	-11°	0,9 mm

n = 600 U/min

Bild 7.11 Zusammenwirken von Vorschubkraft und Drehmoment beim Bohren
a) Vorschubkraft b) Drehmoment

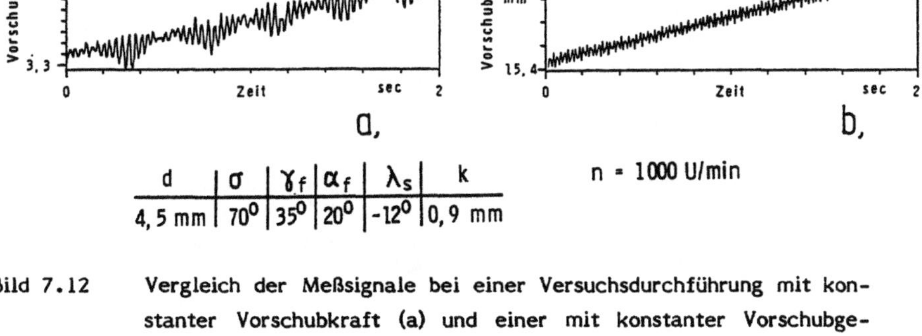

d	σ	γ_f	α_f	λ_s	k
4,5 mm	70°	35°	20°	-12°	0,9 mm

n = 1000 U/min

Bild 7.12 Vergleich der Meßsignale bei einer Versuchsdurchführung mit konstanter Vorschubkraft (a) und einer mit konstanter Vorschubgeschwindigkeit (b)

gen. Ab einer bestimmten Größe der Vorschubkraft dringt der Bohrer in den Knochen ein und trägt einen Span ab. Dabei steigen Vorschubweg und Drehmoment an und die Vorschubkraft fällt leicht durch den Ausgleich. Nach der Spanabnahme läuft dieser Vorgang wieder von vorne ab. Dies ist auch an der Spanform erkennbar (s. Bild 7.2), die aus stärkeren und dünneren Bereichen, in denen der Span knickt, besteht.

Bei den beiden Meßsignalen in Bild 7.12,a fällt noch das gleiche frequenzmäßige Verhalten auf. In beiden Signalen zeigt sich dieselbe Schwebung. Vergleicht man die Signale mit denen, die bei Versuchen mit konstanter aufgezeichnet wurden (Bild 7.12,b), kann man einen beachtlichen Unterschied erkennen. Bei den Versuchen mit konstanter Vorschubgeschwindigkeit haben die beiden Signale keinen erkennbaren Zusammenhang. Dieser Vergleich der Schwingungsbildung verdeutlicht die Unterschiede in den beiden Untersuchungsmethoden. Die Aus-

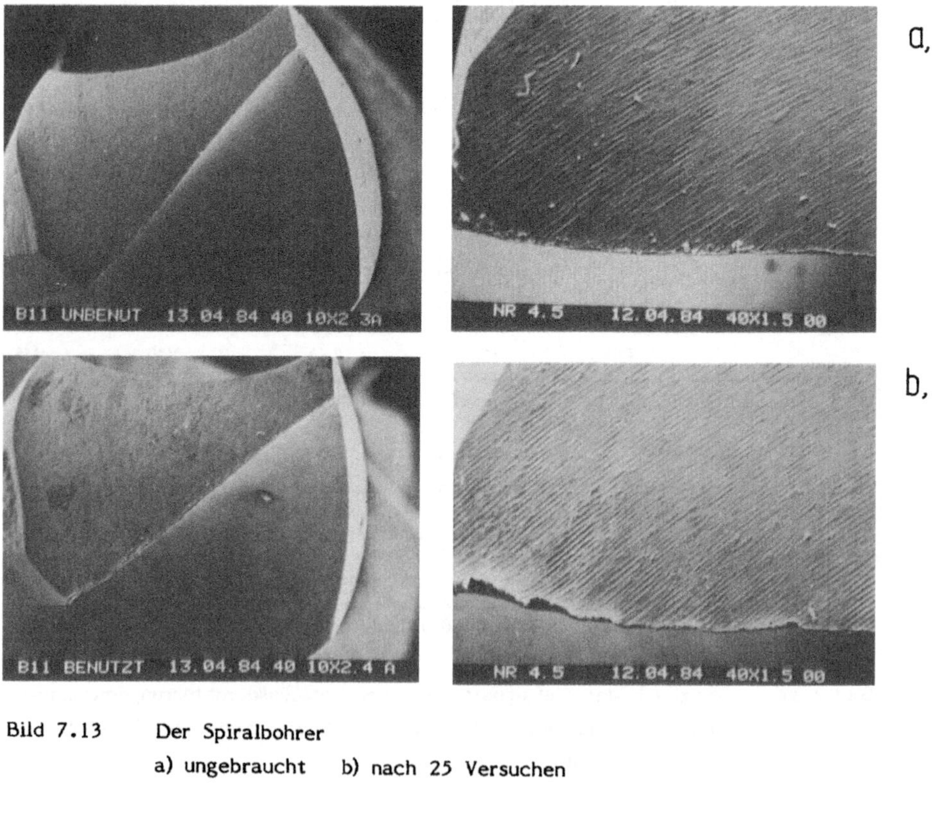

Bild 7.13 Der Spiralbohrer
a) ungebraucht b) nach 25 Versuchen

wahl der Versuchsdurchführung mit konstanter Vorschubkraft stellt sich dabei als richtig heraus, weil der Operateur nicht die Steifigkeit einer Werkzeugmaschine besitzt. Auch kann der Operateur leichter eine konstante Vorschubkraft als eine konstante Vorschubgeschwindigkeit realisieren. So wird sich in der Praxis die Vorschubgeschwindigkeit in Abhängigkeit von der Knochenzusammensetzung einstellen.

7.5. Die Werkzeuge vor und nach dem Einsatz.

Einen wichtigen Faktor für den Zerspanprozeß stellt der Verschleißzustand der Werkzeuge dar. Deshalb sollen in diesem Abschnitt Verschleißkriterien der untersuchten Werkzeuge für die Knochenbearbeitung aufgezeigt werden.

In Bild 7.13 sind Rasterelektronenmikroskopaufnahmen eines neuen Spiralboh-

Bild 7.14 Das Sägewerkzeug

a) ungebraucht b) nach 200 Versuchen

rers einem gebrauchtem gegenübergestellt. Der abgebildete Spiralbohrer ist aus Implantatstahl gefertigt, wie er üblicherweise in der Medizin zum Einsatz kommt. Nach wenigen Versuchen (n = 25) sind an der Hauptschneide schon erhebliche Umbördelungen und Ausbrüche zu erkennen, die die Schneidfähigkeit des Bohrers vermindern. Ebenso sind auf der Frei- und Nebenfreifläche Späneansammlungen zu erkennen. Diese müssen stark mit dem Bohrer verklebt sein, da sie sich trotz Reinigung im Ultraschallbad nicht lösten.

Bild 7.14 zeigt die Gegenüberstellung eines neuen und gebrauchten Sägeblattes. Deutlich ist hier der Verschleiß (nach 200 Versuchen) durch die Abplattung der Zahnspitzen zu erkennen. Von besonderer Bedeutung sind die vielen Knochenspäne auf dem Sägeblatt. Man kann viele feine, staubförmige Knochenspäne erkennen, die sich in manchen Bereichen zu größeren Platten zusammengebacken haben.

a,

b,

Bild 7.15 Der Rosenbohrer
a) ungebraucht b) nach 30 Versuchen

Auch beim Rosenbohrer, der zum Herstellen von Bohrlöchern eingesetzt worden ist, sind in den Spannuten viele Spänehaufen zu erkennen (Bild 7.15). Diese Späne verkleben die Spannuten, verhindern dadurch den Spänetransport und beeinträchtigen die Schneidfähigkeit des Werkzeuges.

In gleicher Weise verhält es sich beim Diamantbohrer (Bild 7.16). Der Diamantbohrer ist ein kugelförmiges Werkzeug, das mit kleinen Diamantsplittern bestückt ist. Nach nur wenigen Bohrungen (6 - 10) ist das Werkzeug so stark mit Knochenspänen verschmiert und verklebt, daß kaum mehr eine Spanabnahme möglich ist. Erst nach Aufbrechen des Spänemantels kommen die Diamantsplitter wieder in Eingriff und es erfolgt eine Spanabnahme. So traten bei den Versuchen mit den Diamantbohrern erhebliche Vorschubschwankungen auf. Die Werkzeuge sind wegen ihrer Verschleißanfälligkeit ein großer Risikofaktor für die spanende Knochenbearbeitung. Sie sollten deshalb mit Vorsicht gehandhabt und rechtzeitig ausgewechselt werden. Dabei ist der eventuelle Einfluß der an den Werkzeugen haftenden Späne auf den Heilungsprozeß noch nicht berücksichtigt.

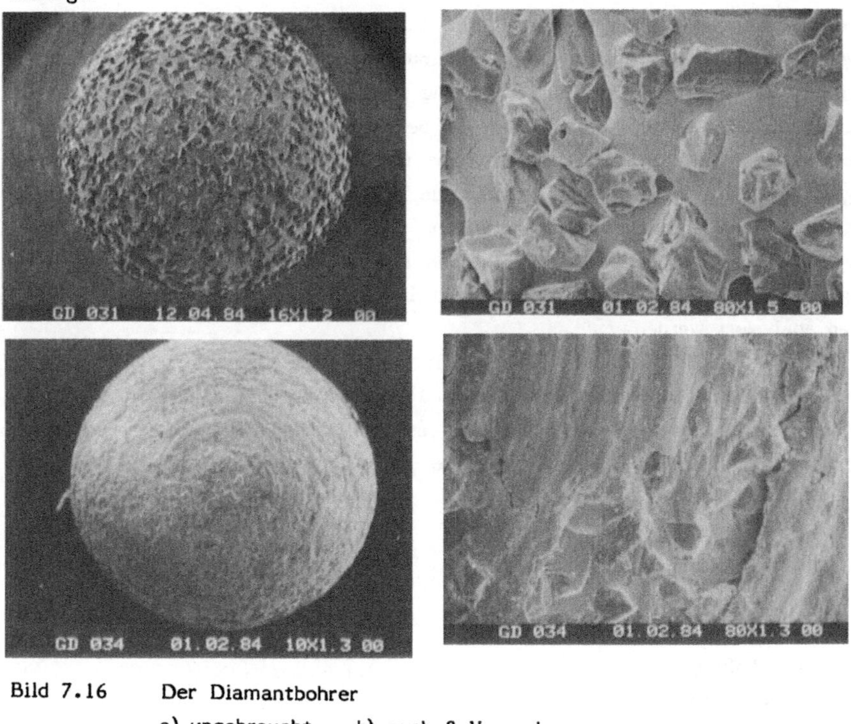

a,

b,

Bild 7.16 Der Diamantbohrer
a) ungebraucht b) nach 8 Versuchen

8. Ergebnisse der Zerspanungsuntersuchungen

8.1. Allgemeines

In dieser Arbeit wird die spanende Bearbeitung von Knochen im Hinblick auf die Verbesserung des nachfolgenden Heilungsprozeßes untersucht. Negativ beeinflußt wird die Heilung durch eine thermische und mechanische Schädigung, eine Verletzung des umgebenden Weichteilgewebes und eine Nichterfüllung der Bearbeitungsqualität.

Die thermische Schädigung des Knochens hängt von der Temperaturhöhe und ihrer Einwirkzeit ab (s. Abschn. 2.2.). Die Erwärmung des Knochens bei der spanenden Bearbeitung kann nicht verhindert werden, denn die beim Spanen aufgewendete Energie wird fast ausschließlich in Wärme umgewandelt. Um also die Temperaturbelastung der Knochen niedrig zu halten muß man die Zerspanenergie und die Schnittzeit verringern.

Eine mechanische Schädigung kann durch das Prinzip der Zerspanung nicht vermieden werden. Aber durch eine Vermeidung von Rissen und isolierten Fragmenten, die ganz aus dem Zusammenhang gerissen sind, kann die Heilung ungestört ablaufen. Auch die Späne, die bei der Knochenbearbeitung anfallen, sind avitales Gewebe, die eine Infektion und damit eine Heilungsverzögerung begünstigen. In gleicher Weise stellen die Maß- und Formgenauigkeit der Bearbeitung eine wesentliche Vorraussetzung für einen exakten und festen Sitz der Implantate und damit auch für einen optimalen Heilungsprozeß dar. Deswegen soll hier der Zerspanprozeß hinsichtlich der Auswirkungen auf diese Risiken analysiert werden.

Die Einflußfaktoren auf den Zerspanprozeß sind in der Metallbearbeitung weitgehend bekannt. Nach Kienzle /42/ sind es 15 Einflußgrößen, die sich im wesentlichen auf folgende Bereiche beziehen:

- Werkstoff
- Werkzeuggeometrie
- Schnittbedingungen
- Schneidstoff
- Kühlung
- Werkzeugverschleiß.

Inwieweit der zu bearbeitende Werkstoff Knochen die Temperatur beeinflußt wurde schon weiter oben aufgezeigt (s. Abschn. 5.6.). Die Auswirkungen weiterer Einflußparameter, die man im wesentlichen in Werkzeuggeometrie und Einsatzbedingungen unterteilen kann, werden in diesem Abschnitt aufgezeigt. Betrachtet wird die Temperaturbelastung des Knochens und die Oberflächenausbildung bei den untersuchten Bearbeitungsverfahren. Bei der Knochenbearbeitung mit Spiralbohrern erfolgt noch eine Untersuchung des selbsttätigen Einziehens nach dem Durchbohren der Kortikalis, welches die große Gefahr einer transossären Weichteilverletzung beinhaltet.

Die Temperaturbelastung des Knochens wird durch drei Größen beurteilt, die Schnittemperatur, die Vergleichszeit und die schädigenden Temperatur. Die Vergleichszeit gibt die Schnittzeit pro Schnittweg normiert auf 10 mm an. Diese Normierung ist erforderlich, um eine Vergleichsmöglichkeit der Versuche bzgl. der Schnittzeit zu erreichen, weil die Kortikalis in Abhängigkeit vom Ort eine unterschiedliche Stärke besitzt. Eine nähere Beschreibung der schädigenden Temperatur erfolgt im nachfolgendem Abschnitt. Die Oberflächenausbildung wird mit rasterelektronenmikroskopischen Untersuchungen und Rauheitsmessungen durchgeführt. Die Beurteilung der Gefahr zu einer Weichteilverletzung beim Spiralbohrer erfolgt durch das Messen der Einziehkraft.

Aus der Zerspanungsforschung ist bekannt, daß die Ergebnisse mit erheblichen Streuungen auftreten. Diese hängen von vielen Parametern, wie Werkstoff, Werkzeug, Schnittgrößen und auch Meßtechnik ab. So werden bei dieser Untersuchung pro Meßpunkt 8 Einzelversuche durchgeführt. Die Ergebnisse werden mit der oben beschriebenen Regressionsanalyse (s. Abschn. 6.) ausgewertet und auf ihre statistische Sicherheit überprüft. In den Diagrammen wird der 95% - Vertrauensbereich der Regressionsgleichungen aufgezeichnet. Zu den Kurven wird die jeweilige Regressionsgleichung, das Bestimmtheitsmaß B und die prozentuale Abweichung Δy angegeben. In den Gleichungen sind die Koeffizienten mit einem Signifikanzniveau größer 95% unterstrichen.

8.2. Bestimmung der schädigenden Temperatur

Die thermische Schädigung des Knochens hängt von der Temperaturhöhe und ihrer Einwirkzeit ab. In der Größe der schädigenden Temperatur werden beide Faktoren berücksichtigt. Dazu wird die nach Lundskog /55/ graphisch dargestellte Abhängigkeit der schädigenden Temperatur von der Dauer der Wärmeeinwirkung (Bild 2.2) in ein mathematisches Modell übertragen. Die Einwirkzeit wird dann durch die Berechnung einer schädigenden Temperatur berücksichtigt. Als Maß für die schädigende Temperatur T_S dient die Differenz aus der experimentell gemessenen Temperatur T_V und der Grenztemperatur T_{GL} für das Auftreten von Hitzenekrosen nach Lundskog, die mit der entsprechenden Bohrdauer t_V errechnet wird.

Die Kurve nach Lundskog wird mit einer potentiellen Regression am besten beschrieben. Der Ansatz

$$T_{GL} = 63,55 \cdot t_V^{-0,0405} \tag{39}$$

mit einem Bestimmtheitsmaß von B = 98% liefert die beste Approximation. So läßt sich dann die schädigende Temperatur mit folgendem Ansatz bestimmen:

$$T_S = T_V - 63,55 \cdot t_V^{-0,0405} \tag{40}$$

Ergibt sich nun ein positiver Wert für die schädigende Temperatur T_S, so ist ein Auftreten von Hitzenekrosen zu erwarten. Bei einem negativen Wert dürfte die Gefahr für Hitzenekrosen gering sein.

Mit Einführung der Größe der schädigenden Temperatur ergibt sich eine gute Beurteilung im Hinblick auf die Gefahr von Hitzenekrosen.

8.3. Ergebnisse bei der spanenden Bearbeitung mit Spiralbohrern

8.3.1. Thermisches Verhalten bei der Bearbeitung mit Spiralbohrern

8.3.1.1. Untersuchung der Werkzeuggeometrie

Zuerst wird der Einfluß der Werkzeuggeometrie auf die Temperaturbelastung des Knochens untersucht. Die Form eines Spiralbohrers ist weitgehend durch den Drallwinkel und die Spannutenform festgelegt. Der Spitzenwinkel und der Freiwinkel können durch Nachschleifen in weiten Grenzen verändert werden. Der Drallwinkel und der Spitzenwinkel sind wesentliche Merkmale eines Spiral-

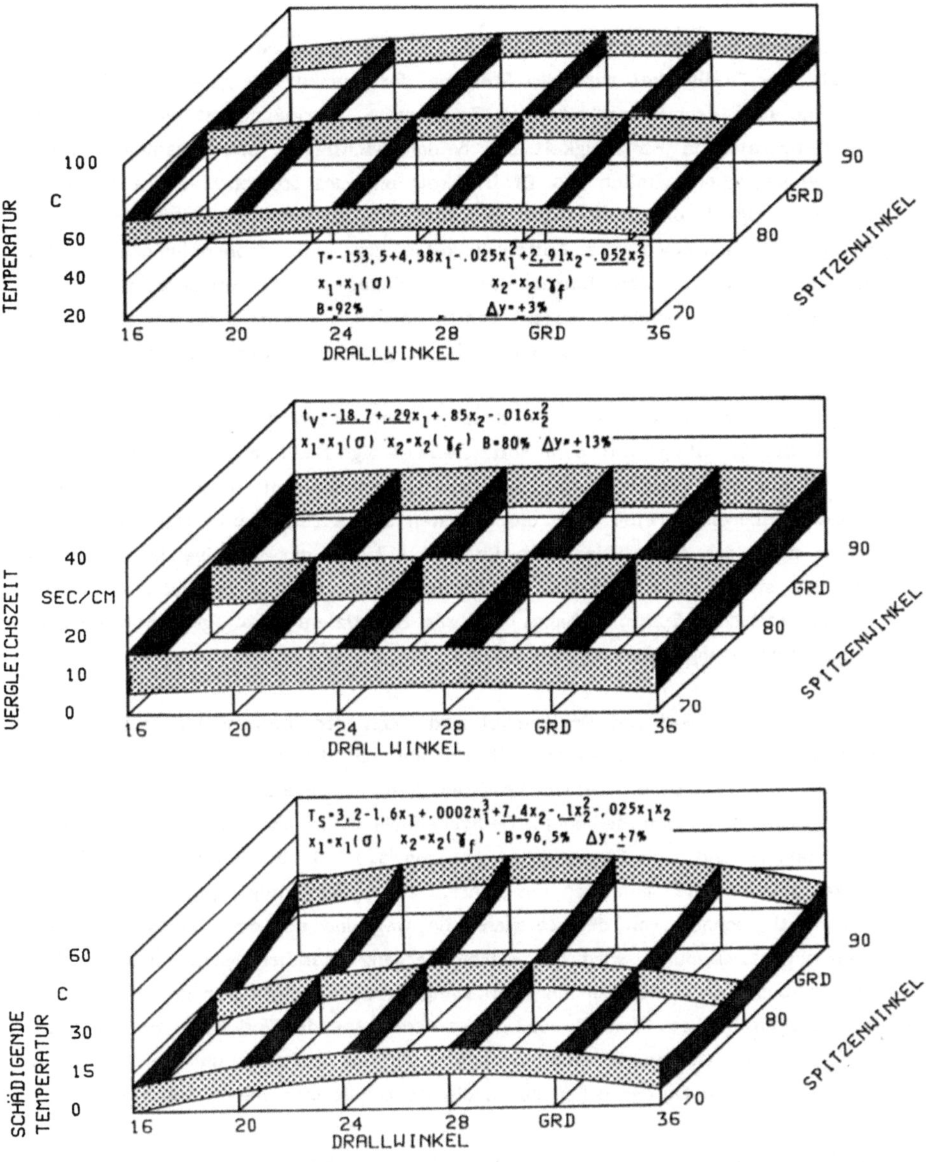

d	α_f	λ_s	k
4,5 mm	20^0	-11^0	0,9 mm

F_f = 25 N

n = 1000 U/min

Bild 8.1 Temperatur, Vergleichszeit und schädigende Temperatur als Funktion von Spitzenwinkel und Drallwinkel des Spiralbohrers

bohrers, nach deren Größe er auch in Anwendungsgruppen unterschieden wird. Durch den Drallwinkel wird die Steigung der Spannut festgelegt. In Bild 8.1 sind die drei Beurteilungskriterien, Temperatur, Vergleichszeit und schädigende Temperatur in Abhängigkeit der beiden wichtigsten und zusammenhängenden Winkelgrößen nämlich des Drallwinkels und des Spitzenwinkels aufgezeigt. Die Abhängigkeit der Temperatur läßt sich mit der ermittelten Regressionsgleichung gut beschreiben. Der Spitzenwinkel besitzt einen großen linearen Einfluß auf die Temperatur. Der Einfluß des Drallwinkels auf die Temperatur wird mit Koeffizienten beschrieben, deren Signifikanzniveau größer 95% ist. Die Temperatur nimmt zuerst etwas zu und fällt bei größeren Drallwinkeln wieder ab.

Die Vergleichszeit wird weniger deutlich von diesen beiden Geometriegrößen beeinflußt. Sie steigt mit dem Spitzenwinkel signifikant an, während sich über dem Drallwinkel wiederum eine quadratische Abhängigkeit ergibt. Im mittleren Drallwinkelbereich treten auch die höchsten Schnittzeiten auf. Das gleiche Ergebnis zeigt das dritte Diagramm im Bild 8.1 mit der schädigenden Temperatur, sie steigt stark mit dem Spitzenwinkel an. Beim Drallwinkel zeigt sich ein quadratischer Zusammenhang, der mit Koeffizienten mit gewünschtem Signifikanzniveau angegeben werden kann.

Kleine Spitzenwinkel und Drallwinkel sind bzgl. der thermischen Belastung des Knochens günstiger. Der kleine Spitzenwinkel hat den Vorteil eines günstigeren Anschnitts im Knochen, einer besseren Zentrierbarkeit und einer leichteren Handhabung durch den Bediener. Demgegenüber steht aber die größere Neigung zum Rattern und zum Einziehen (s. Abschn 8.3.3.). Bei einem kleinen Drallwinkel besitzen die Spannuten des Bohrers eine große Steigung. Die Späne werden relativ schnell von der Zerspanstelle weg und aus dem Bohrloch heraustransportiert. Dadurch wird der Wärmeübergang zwischen Spänen und Knochen gering bleiben, was zur Senkung der Temperatur beiträgt. Der große Drallwinkel dagegen hat den Vorteil, daß der zu zerspanende Werkstoff weniger stark verformt wird und somit eine schälende Wirkung auftritt, und den Nachteil, daß er sich beim Durchbrechen durch die Kortikalis sehr leicht selbst einzieht.

Im Bild 8.2 ist die Abhängigkeit der thermischen Belastung des Knochens vom Freiwinkel dargestellt. Aus den Diagrammen kann man eine starke Abhängigkeit vom Freiwinkel erkennen. Der Freiwinkel besitzt auf Temperatur und Vergleichszeit einen negativen quadratischen Einfluß. Alle drei Beurteilungsgrößen fallen über den Freiwinkel stark und signifikant ab. Für die spanende Knochen-

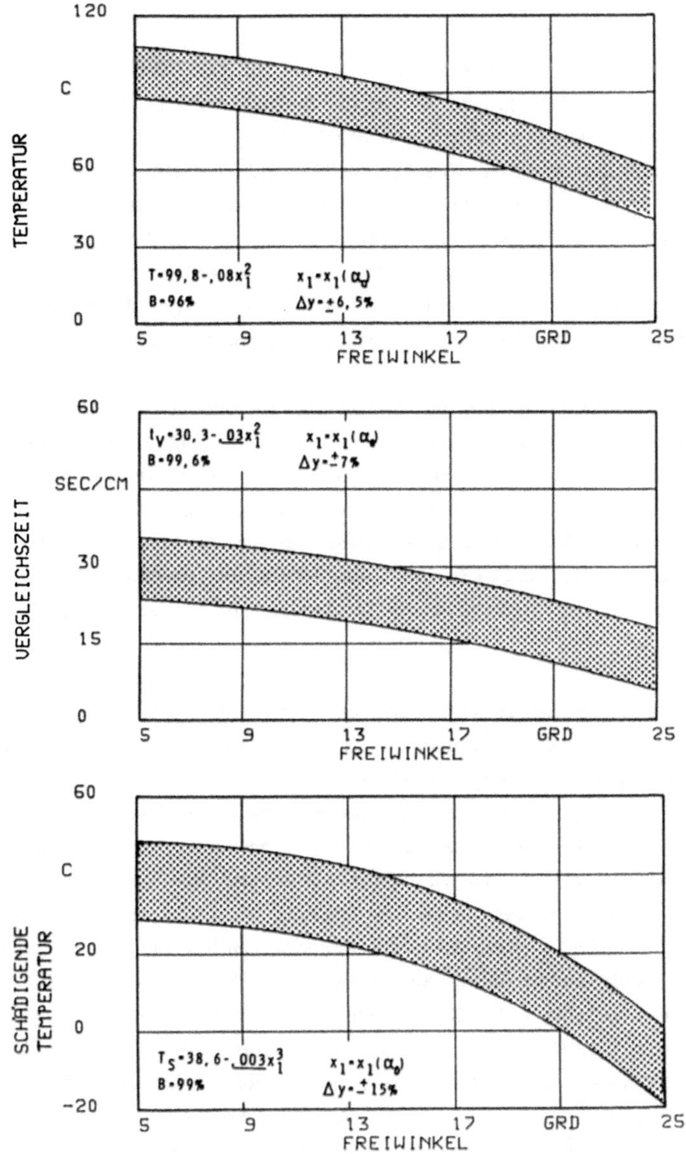

d	σ	γ_f	λ_s	k
6 mm	90°	28°	-12°	1,2 mm

F_f = 40 N

n = 1000 U/min

Bild 8.2 Temperatur, Vergleichszeit und schädigende Temperatur als Funktion vom Freiwinkel beim Bohren

bearbeitung trifft im Gegensatz zu Angaben in der Metallbearbeitung nicht zu, daß ein Freiwinkel größer 6° keinen Einfluß mehr besitzt. Die Versuche mit kleinen Freiwinkeln mußten oft abgebrochen werden, weil kein weiterer Vorschub mehr auftrat. Der Knochen verhält sich bei der spanenden Bearbeitung elastisch, so daß der Freiwinkel genügend groß gewählt werden muß, damit sich das Werkzeug frei schneiden kann. Ein großer Freiwinkel begünstigt die Temperaturentwicklung und verkürzt die Schnittzeiten. Damit hat er auch eine Verringerung der thermischen Schädigung zur Folge. Eine größere Ratterneigung und Verschleißanfälligkeit sind hier die nachteiligen Auswirkungen.

Ansonsten wird noch der Einfluß einer weiteren Geometriegröße - der Kerndicke - untersucht. Dies geschieht als Vergleich eines Spiralbohrers mit normaler Kerndicke mit einem mit um ca. 30% reduzierter Kerndicke (Bild 8.3). Der Bohrer mit der reduzierten Kerndicke zeigt bei allen drei Größen das günstigere Verhalten. Der größte Unterschied wird bei der normierten Vergleichszeit ersichtlich. Die Vergleichszeit beim Bohrer mit normaler Kerndicke liegt immer um das 7 bis 10-fache höher als beim Bohrer mit der reduzierten Kerndicke.

Der Spiralbohrer mit reduzierter Kerndicke besitzt größere Spannuten, die eine höhere Menge an Spänen aufnehmen können. Es kann sich die Reibungsenergie und der Wärmeübergang zwischen Spänen und Bohrlochwand verringern. Die größere Wirkung ergibt sich über die Bohrzeit. Von der Querschneide werden 50% bis 70% der Vorschubkraft bei einer normalen Kerndicke kompensiert /24,76/. Mit Reduzierung der Kerndicke verkleinert sich auch die Querschneide. Bei Beaufschlagung der Bohrer mit gleicher Vorschubkraft wird vom Spiralbohrer mit reduzierter Kerndicke ein kleinerer Anteil der Vorschubkraft von der Querschneide kompensiert. So ergeben sich bei diesem Spiralbohrer sehr viel kürzere Bohrzeiten. Die Reduzierung der Kerndicke bedeutet auch für den Arzt, daß der Bohrer leichter zentrierbar ist, mit einem geringeren Kraftaufwand geführt werden kann, sich leichter kurze Bohrzeiten und damit auch kürzere Einwirkzeiten der Temperaturen und eine Verringerung der thermischen Belastung erzielen lassen kann. Als Nachteil der reduzierten Kerndicke steht demgegenüber, daß dieser Spiralbohrer eine geringere Steifigkeit besitzt.

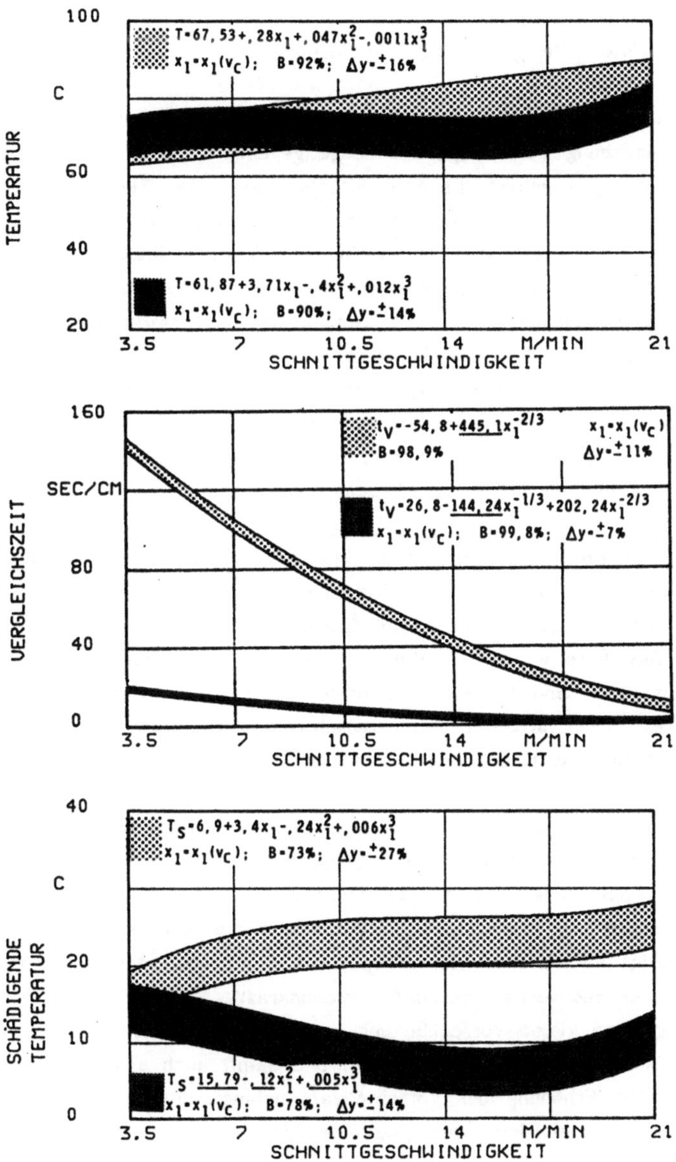

d	σ	γ_f	α_f	λ_s
4,5 mm	80°	26°	20°	-11°

F_f = 25 N

k = 0,9 mm

k = 0,5 mm

Bild 8.3 Einfluß der Kerndicke des Spiralbohrers auf Temperatur, Vergleichszeit und schädigende Temperatur

8.3.1.2. Untersuchung der Einsatzbedingungen

Mit der Untersuchung der Einsatzbedingungen sollen Richtwerte für eine optimale Handhabung der Zerspanwerkzeuge gegeben werden. Zu den wichtigsten Einsatzbedingungen gehört die Schneidtechnologie. Der Einfluß der Schnittgeschwindigkeit und der Vorschubkraft auf die Temperaturbelastung im Knochen ist in Bild 8.4 dargestellt. Der Einfluß der Schnittbedingungen kann über die Regressionsgleichung gut angegeben werden, die Koeffizienten besitzen ein entsprechendes Signifikanzniveau. Die Temperatur wird stark von der Schnittgeschwindigkeit beeinflußt. Die Temperatur fällt mit der Schnittgeschwindigkeit etwas ab, um dann wieder anzusteigen. Die Abhängigkeit von der Vorschubkraft zeigt erst in der dritten Potenz eine gute Signifikanz. Da dieser Koeffizient einen negativen Wert besitzt, bedeutet dies, daß sich diese Abhängigkeit erst bei höheren Kräften stark bemerkbar macht.

Die Vergleichszeit zeigt über beide Bedingungen gleiche hochsignifikante Abhängigkeiten. Über der Schnittgeschwindigkeit und Vorschubkraft fällt sie stark ab. Die positiven quadratischen Koeffizienten in der Regressionsgleichung zeigen an, daß diese Kurve ein Minimum besitzt. Über diesen Extremwert hinaus ergibt sich dann keine Verbesserung mehr. Die schädigende Temperatur besitzt bei einer mittleren Schnittgeschwindigkeit einen optimalen Bereich. Über der Vorschubkraft dagegen fällt sie ab.

Diese Abhängigkeit kann mit den Gesetzen der Thermodynamik erklärt werden. Da die Schnittzeit über der Schnittgeschwindigkeit zuerst stark abfällt, sinkt neben der Kontaktzeit auch die Zerspanenergie und damit die Temperatur. Jedoch bei hohen Schnittgeschwindigkeiten nimmt die Schnittzeit nur noch wenig ab. Es steigt also wieder die Energie und damit auch die Temperatur. Ähnlich liegt der Sachverhalt bei der Vorschubkraft. Mit niedrigen Vorschubkräften erzeugt man kleine Vorschübe und lange Schnittzeiten, also lange Kontaktzeiten zwischen Werkzeug und Knochen und damit auch einen höheren Wärmeübergang. Mit Erhöhung der Vorschubkraft nehmen die Schnittzeiten ab. Dadurch ergibt sich mit dem Grundgesetz der Wärmeleitung

$$\underline{\dot{q}} = -\lambda \cdot \text{grad } T$$

eine Verminderung des Wärmestromes in den Knochen. Dadurch bleibt auch die Temperatur niedrig. Über die kurzen Schnittzeiten und die niedrigeren Tem-

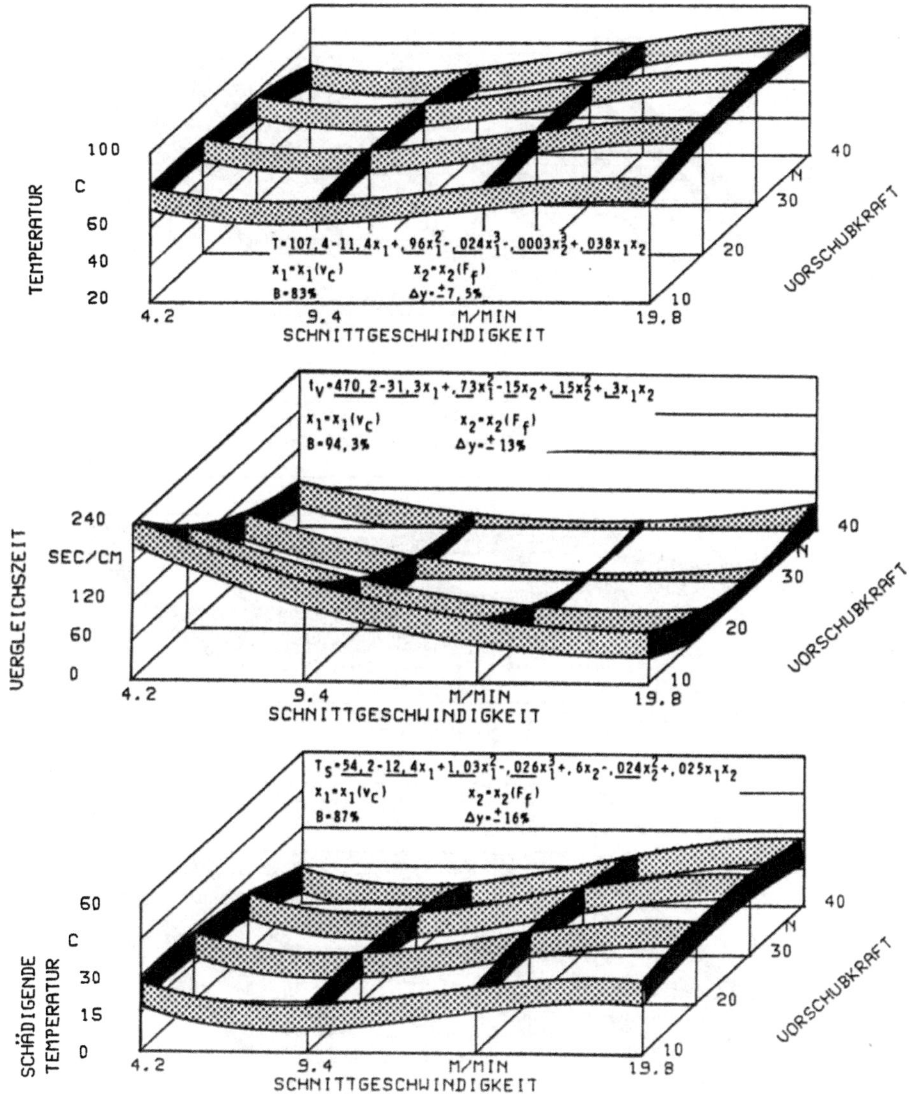

d	σ	γ_f	α_f	λ_s	k
4,5 mm	70^0	36^0	20^0	-11^0	0,9 mm

Bild 8.4 Temperatur, Vergleichszeit und schädigende Temperatur als Funktion von den Schnittbedingungen - Schnittgeschwindigkeit und Vorschubkraft - beim Bohren

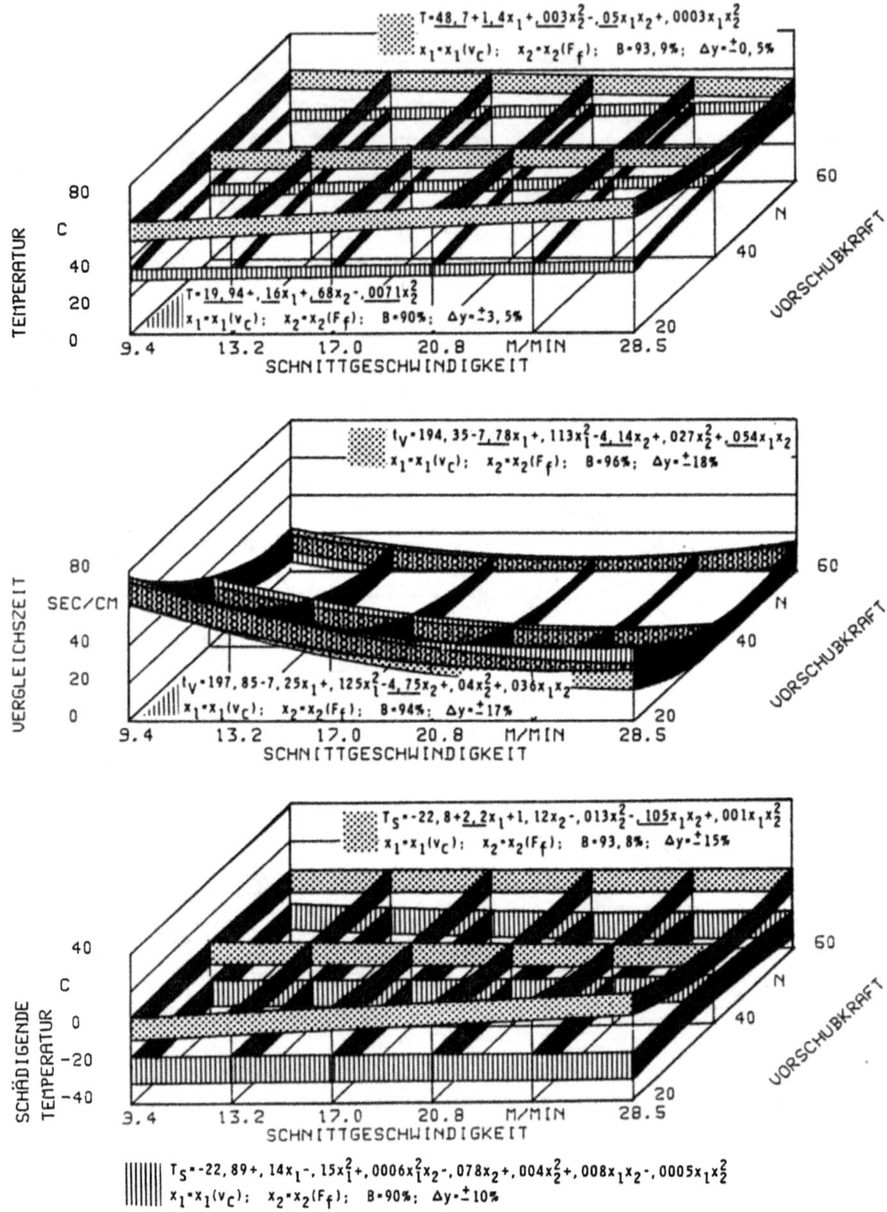

d	σ	γ_f	α_f	λ_s	k
6 mm	85°	28°	25°	-14°	1,2 mm

F_f = 40 N

ohne Kühlung (gepunktet)
mit Kühlung (schraffiert)

Bild 8.5 Einfluß der Kühlung beim Bohren auf Temperatur, Vergleichs-

peraturen ergibt sich damit eine Verbesserung der schädigenden Temperatur.

Als nächstes erfolgt eine Untersuchung des Einflusses der Kühlung. Dies wird durch einen Vergleich der Ergebnisse eines Spiralbohrers ohne Kühlung und eines mit äußerer Kühlung durchgeführt. In der Medizin wird mit physiologischer Kochsalzlösung gekühlt, die nur zur zusätzlichen Wärmeabführung dient. Das Kühlmittel wird über eine Sterilwasser-Kühleinrichtung, die direkt mit dem Antriebsmotor verbunden ist, von außen auf den Spiralbohrer aufgebracht. Der Vergleich ist als Abhängigkeit der drei Beurteilungskriterien von Vorschubkraft und Schnittgeschwindigkeit in Bild 8.5 aufgezeichnet. Dieser Vergleich macht deutlich, daß die Kühlung eine erhebliche Verringerung der Gefahr einer thermischen Schädigung mit sich bringt. Die Temperatur und die schädigende Temperatur zeigen über den gesamten Bereich einen signifikanten Unterschied. Die Vergleichszeit dagegen liegt bei beiden Spiralbohrern auf dem selben Niveau.

Der Einfluß des Werkzeugverschleißes, einer weiteren Größe der Einsatzbedingungen, wird in Form der Abhängigkeit von der Anzahl der mit einem Werkzeug durchgeführten Bohrungen ermittelt (Bild 8.6). Mit einem Werkzeug werden ohne Nachschliff 52 Bohrungen durchgeführt. Die Abhängigkeit der Temperatur vom Werkzeugverschleiß läßt sich mit einer noch akzeptablen Sicherheit angegeben. Die Temperatur nimmt mit zunehmender Bohrungszahl etwas ab, d.h. das Werkzeug wird arbeitsscharf. Mit weiteren Bohrungen steigt aber die Temperatur an. Der lineare Koeffizient der Vergleichszeit-Regressionsgleichung besitzt einen niedrigen positiven Wert, welcher als signifikant bezeichnet werden kann. Dies weist auf ein kontinuierliches Fortschreiten des Verschleißes hin. Auch in der schädigenden Temperatur ist der negative Einfluß des Werkzeugverschleißes zu erkennen. Ab ca. 20 - 30 Bohrungen macht sich der Verschleiß eines Spiralbohrers stärker bemerkbar. Darüber hinaus steigt die Gefahr einer Gewebeschädigung stark an. Der Verschleiß führt zu einem schlechteren Schneidvorgang mit Anstieg der Temperatur, der Schnittkraft und der Schnittzeit /58/.

Als letztes erfolgt noch ein Vergleich bzgl. des Schneidstoffes. Hier wird ein HSS-Spiralbohrer mit einem aus nichtrostendem Stahl, wie er in der Medizin üblicherweise eingesetzt wird, verglichen. Als nichtrostender Stahl wird ein austenitischer Stahl aus biokompatiblem Werkstoff verwendet, um die Schädigung für den menschlichen Organismus bei Metallabrieb durch Korrossion und Metallose zu vermeiden. Durch diesen Vergleich kann auch die Übertragbar-

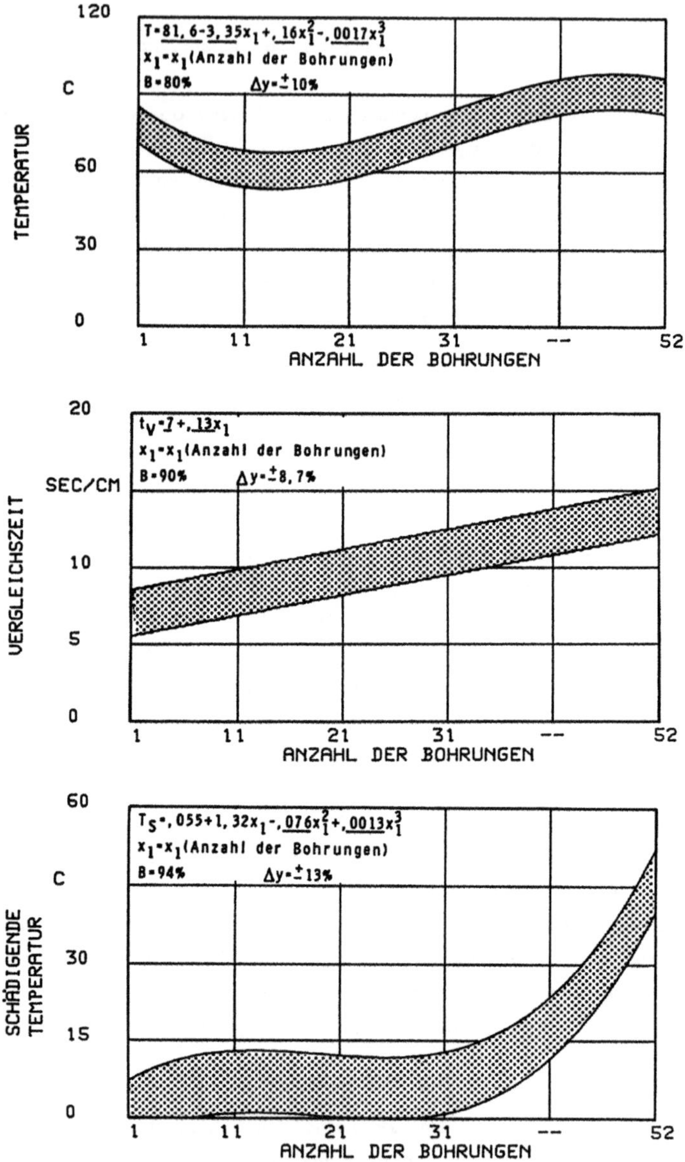

d	σ	γ_f	α_f	λ_s	k
6 mm	80°	28°	18°	-12°	1,2 mm

F_f = 40 N
n = 1000 U/min

Bild 8.6 Temperatur, Vergleichszeit und schädigende Temperatur als Funktion von der Anzahl der Bohrungen mit einem Werkzeug

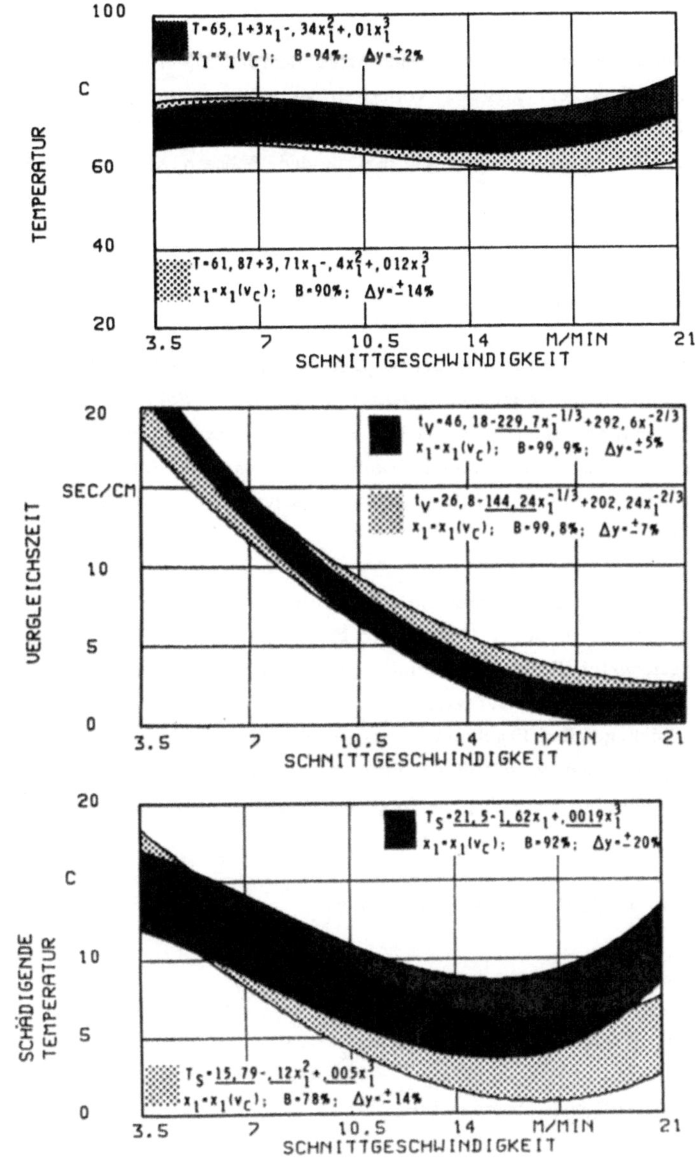

d	σ	γ_f	α_f	λ_s	k
4,5 mm	80°	26°	20°	-11°	0,5 mm

F_f = 25 N

HSS

NR

Bild 8.7 Einfluß des Spiralbohrerschneidstoffes (HSS und NR) auf Temperatur, Vergleichszeit und schädigende Temperatur

keit der Versuche bzgl. des Schneidstoffes überprüft werden. Die Diagramme in Bild 8.7 zeigen ein gleiches Verhalten von Temperatur, Vergleichszeit und schädigender Temperatur. Die Regressionskurven besitzen keinen signifikanten Unterschied, so daß die Ergebnisse bei beiden Bohrern als gleichwertig anzusehen sind.

8.3.1.3. Vollständiger faktorieller Versuchsplan VFV 2^k

Die Gefahr einer thermischen Schädigung bei der spanenden Knochenbearbeitung hängt von sehr vielen Einflußfaktoren ab. Diese Faktoren einzeln zu untersuchen bedeutet einen sehr großen Aufwand. Deshalb wird hier die statistische Versuchsplanung angewandt. Damit kann man den Aufwand für die Versuche erniedrigen und Wechselwirkungen zwischen einzelnen Faktoren mit berücksichtigen.

Ausgewählt wird für die Untersuchung ein vollfaktorieller Versuchsplan VFV 2^3 für ein Polynom 1. Grades. Dieser VFV bietet die Möglichkeit ein besser statistisch abgesichertes Ergebnis als mit einem TFV zu erhalten. Der verwendete Versuchsplan ist in Tab. 8.1 enthalten. Die Grenzen der drei Parameter werden nach vorliegenden Ergebnissen ausgewählt (s.o. und /58/). Es wird eine Optimierung auf den verbesserten Bereich beschränkt. Die lineare Regression liefert nach diesem Versuchsplan folgende empirische Gleichung für die Temperatur

$$T = 63,97 + 4,09\, x_1 - 0,44\, x_2 \qquad (41)$$

für die Vergleichszeit

$$t_V = 20,83 + 3,08\, x_1 - 3,28\, x_2 \qquad (42)$$

und für die schädigende Temperatur

$$T_S = 9,21 + 4,95\, x_1 - 0,24\, x_2 \qquad (43)$$

wobei $x_1 = x_1(\sigma)$ und $x_2 = x_2(\alpha_o)$ ist.

	X_0	X_1 σ	X_2 α_f	Beobachtungsvektor T (°C)	t_V ($\frac{sec}{cm}$)	T_S (°C)
Nullniveau		90	19.5			
Einheit		10	3.5			
Oberes Niveau		100	23.0			
Unteres Niveau		80	16.0			
Versuch Nr.						
1	+	-	-	59,25	21,4	3,7
2	+	+	-	69,2	26,8	15,2
3	+	-	+	60,15	14,1	4,8
4	+	+	+	66,55	21	13,13
Regressions-Koeffizient	63.79	4.09	-0.44			
Dimension		40.87	-1.53			
Schrittweite		5.0	0.5			

Tabelle 8.1 Voll faktorieller Versuchsplan VFV 2^2 und Ergebnisse der ersten Versuchsetappe

Für die Gleichung der Temperatur beträgt das auf die Mittelwerte bezogene Bestimmtheitsmaß bei Berücksichtigung der Wechselwirkungen B = 97,79%, die maximale prozentuale Abweichung $\Delta y = \pm 1{,}6\%$, für die Vergleichszeit das Bestimmtheitsmaß B = 99,3% und die prozentuale Abweichung $\Delta y = \pm 1{,}4\%$ und für die schädigende Temperatur das Bestimmtheitsmaß B = 98,92% und die prozentuale Abweichung $\Delta y = \pm 14{,}2\%$. Für beide Gleichungen der Temperatur sind die Koeffizienten bis auf d_2 signifikant > Null, für die Gleichung der Vergleichszeit sind sogar alle Koeffizienten signifikant >Null, und die Linearitätshypothese nach dem F-Test kann als signifikant angesehen werden.

Da die statistische Überprüfung zufriedenstellend ausfällt, kann diese R.-Gl. für die Methode des steilsten Anstiegs verwendet werden. Da mit dieser Methode aber das Optimum als ein Maximum ermittelt wird, muß hier in diesem Fall mit umgekehrten Vorzeichen vorgegangen werden. Für die spanende Knochenbearbeitung stellt die minimale Belastung das Optimum dar. Die weiteren

Schritte sind in Tabelle 8.2 dargestellt. In dieser Tabelle sind die Ergebniswerte der R.- Gln. (41) - (43) den Ergebnissen aus den Versuchen gegenübergestellt. Dieser Vergleich zeigt eine sehr gute Übereinstimmung des Regressionsmodells mit den Versuchsergebnissen.

Versuch	Temperatur T		Vergleichszeit t_V		schäd. Temperatur T_S	
Nr.	exp.	ger	exp.	ger.	exp	ger.
9	61,5	61,7	18,8	18,8	5,2	6,2
10	59,6	59,6	15,9	16,9	2,7	4,2
11	57,7	57,4	14,7	14,9	,06	0,9
12	54,0	55,0	12,6	13,0	-2.3	-0,8

Tabelle 8.2 Plan und Ergebnisse der zweiten Versuchsetappe zum VFV 2^2

Da sich dieser erste Versuchsplan sehr gut erfüllt, wird ein zweiter durchgeführt, um die wichtigsten Schneidengeometriegrößen eines Spiralbohrers damit festzulegen. Als Untersuchungsparameter werden der Drallwinkel, der Spitzenwinkel und der Freiwinkel ausgewählt. Die Grenzen für den Versuchsplan werden auf der Grundlage der Ergebnisse aus Bild 8.1 festgelegt. Dieser VFV 2^3 für ein Polynom 1. Grades ist in Tabelle 8.3 zusammengefaßt.

Als Regressionsgleichung für die Temperatur ergibt sich mit diesem VFV 2^3

$$T = 63{,}09 + 0{,}59\, x_1 + 2{,}64\, x_2 - 0{,}14\, x_3 \qquad (44)$$

für die Vergleichszeit

$$t_V = 18{,}2 + 1{,}87\, x_1 + 3{,}8\, x_2 - 2{,}2\, x_3 \qquad (45)$$

und für die schädigende Temperatur

$$T_S = 7{,}2 + 0{,}78\, x_1 + 3\, x_2 + 0{,}4\, x_3 \qquad (46)$$

mit $x_1 = x_1(\gamma_f)$, $x_2 = x_2(\varkappa_r)$ und $x_3 = x_3(\alpha_o)$.

Das Bestimmtheitsmaß für die Gleichung der Temperatur (44) ergibt sich zu 96,06%, die maximale prozentuale Abweichung beträgt ± 1,3%. Für die Gleichung der Vergleichszeit stellt sich ein Bestimmtheitsmaß von 99,7% ein und die prozentuale Abweichung liegt bei $\Delta y = \pm 15\%$. Für die Gleichung der schädigenden Temperatur (46) ergibt sich ein Bestimmtheitsmaß zu 98,7% und eine maximale prozentuale Abweichung zu $\Delta y = \pm 16{,}3\%$. Die Koeffizienten der R.-Glgn. sind bis auf d_3 signifikant > Null. Auch die Überprüfung des Gradienten des Versuchsplanes liefert eine gute Übereinstimmung zwischen Regressions- und Versuchswerten. Nur vom 12. zum 13. Schritt tritt keine Verbesserung im Ergebnis auf. Dies weist darauf hin, daß mit diesem Schritt ein fast-stationäres Gebiet erreicht ist. Dieses Gebiet kann mit einem Versuchsplan 2. Ordnung näher analysiert werden /5/.

	X_0	X_1 γ_f(Grd)	X_2 κ_r(Grd)	X_3 α_f(Grd)	Beobachtungsvektor T (°C)	t_V (sec/cm)	T_S(°C)
Nullniveau		21	45	13			
Einheit		5	5	3			
Oberes Niveau		26	50	16			
Unteres Niveau		16	40	10			
Versuch Nr.							
1	+	-	-	-	60.20	13.60	2.36
2	+	+	-	-	62.40	15.70	6.39
3	+	-	+	-	66.20	24.30	10.49
4	+	+	+	-	64.10	30.40	7.97
5	+	-	-	+	59.80	15.00	5.87
6	+	+	-	+	59.40	16.90	2.18
7	+	-	+	+	63.80	14.50	6.96
8	+	+	+	+	68.80	19.30	15.39
Regressions-Koeffizient	7.20	0.78	3.00	0.40			
Dimension		3.91	16.51	1.2			
Schrittweite		2.0	2.5	1.0			
9		18.0	42.5	14.0	61.20	16.50	5.20
(errechn. Wert)					(61.40)	(15.13)	(5.35)
10		16.0	40.0	15,0	59.00	13.20	3.50
(errechn. Wert)					(39.80)	(11.92)	(3.68)
11		14.0	37.5	16.0	55.30	11.50	2.50
(errechn. Wert)					(58.20)	(8.73)	(2.00)
12		12.0	35.0	17 0	60.40	10.50	3.70
(errechn. Wert)					(56.60)	(5.50)	(0.33)

Tabelle 8.3 Gesamter vollfaktorieller Versuchsplan VFV 2^3 zur Schneidengeometrieoptimierung des Spiralbohrers

Dieses Kapitel zeigt, daß die statistische Versuchsplanung mit einer kleinen Anzahl von Versuchen die gleichen Ergebnisse liefert. Weiterhin bietet die Versuchsplanung den Vorteil daß das Zusammenwirken mehrerer Faktoren bestimmt werden kann und über die Bestimmung der Gradientenrichtung ein schnelles Auffinden des optimalen Punktes erreicht wird.

Die Ergebnisse der Versuchspläne können folgendermaßen interpretiert werden. Die Temperatur und die thermische Schädigung des Knochens werden stark und hochsignifikant vom Spitzenwinkel beeinflußt. Eine Verkleinerung des Spitzenwinkels zieht eine Verbesserung der Bearbeitung nach sich. Der Einfluß von Drallwinkel ist nicht so stark aber auch signifikant. Zur Verbesserung des Zerspanungsprozeßes bzgl. der Temperaturhöhe muß der Drallwinkel verkleinert werden.

In beiden Versuchsplänen liefert der Freiwinkel keinen signifikanten Einfluß. Eine Diskussion des Einflußes einzelner Parameter ist zwar nur für signifikante Größen sinnvoll, trotzdem soll auf den Freiwinkel näher eingegangen werden. Der Variationsbereich für den Freiwinkel ist aufgrund des Bildes 8.2 auf hohe Werte beschränkt worden. Und auch auf diesen Bereich ist das Ergebnis dieses Versuchsplanes zu beschränken, d.h. daß ein Spiralbohrer mit einem um ca. 20% größeren Freiwinkel als normal keinen signifikanten Einfluß auf die Temperatur besitzt.

8.3.2. Die Bohrungsqualität

8.3.2.1. Maß- und Formgenauigkeit

Unter Bohrungsqualität werden die Maß- und Formgenauigkeit der Bohrung und die Oberflächengüte an der Bohrungswand verstanden. Die Maßgenauigkeit gibt den Grad der Abweichung der gemessenen Maße von den Nennmaßen an. Jede Bohrung besitzt einen größeren Durchmesser als der sie erzeugende Durchmesser des Spiralbohrers, sie hat eine "Überweite" /44/. Die Bohrüberweite hängt außer von den Schnittbedingungen, wie Schnittgeschwindigkeit und Vorschubkraft, der Schneidengeometrie, dem symmetrischen Anschliff, auch von der Rundlaufgenauigkeit des Handstückes, der Bohrbuchse und der Freihandführung durch den Operateur ab.

Eng verbunden mit der Maßhaltigkeit ist die Formgenauigkeit der Bohrung. Unter Formgenauigkeit wird die Genauigkeit bei der Einhaltung der theoretischen Bohrungsform, die einen Zylinder darstellt, verstanden. Als Formfehler können Rundformfehler, Konizität und Abweichungen vom linearen Verlauf der Bohrungswand unterschieden werden. Die Formgenauigkeit wird in gleicher Weise wie die Maßhaltigkeit von der Schneidengeometrie, dem Anschliff, sowie dem dynamischen Laufverhalten beeinflußt.

Auch beim Bohren von Knochen treten diese Formfehler auf. Bild 8.8 zeigt einen Blick in eine Bohrung, in der ihre Form durch den Weg der Querschneide sehr gut zu erkennen ist. Dieses Bild zeigt sehr gut die Form eines Gleichdicks mit drei Ausbuchtungen. Diese Bohrung ist mit einem Spiralbohrer mit kleinem Spitzenwinkel erstellt worden. Auf einen Spiralbohrer mit kleinem Spitzenwinkel wirken höhere Radialkräfte, so daß er leichter aus seinergegebenen Bahn abgelenkt wird.

Die Form des Gleichdicks entsteht durch eine Überlagerung einer konzentrischen Bewegung der Bohrerachse um den idealen Mittelpunkt. Der Bohrer wird

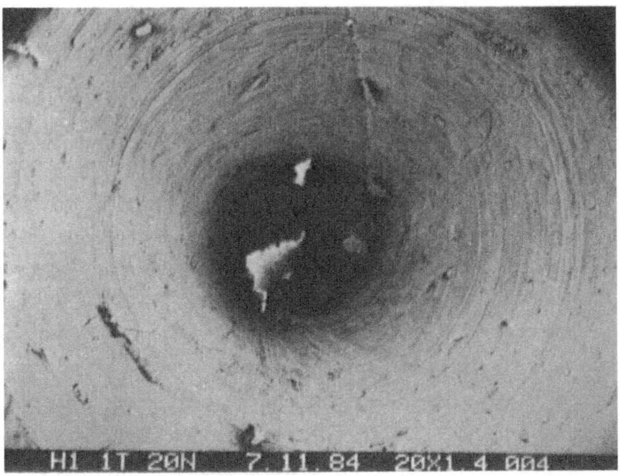

d	σ	γ_f	α_f	λ_s	k
4,5 mm	75^0	14^0	20^0	-12^0	0,9 mm

F_f = 30 N

n = 1000 U/min

Bild 8.8 Bohrungsform beim Bohren mit Spiralbohrern (V = 28)

zu dieser Bewegung durch ein ungleichmäßiges Anschneiden der Hauptschneiden angeregt und erzeugt dadurch die Ausbuchtungen, in denen sich die Nebenschneiden für den weiteren Verlauf der Bearbeitung führen. Nach Untersuchungen von Poblotzki /78/ besteht zwischen der Zähnezahl z und der Zahl der Ausbuchtungen Z_A folgende Beziehung:

$$Z_A = n \cdot z \pm 1 \qquad n = 1,2,3\ldots .$$

Der Unterschied im Vorzeichen ergibt sich daraus, daß die überlagerte Bewegung gleichgerichtet (-) oder entgegengerichtet (+) der Schnittbewegung sein kann.

8.3.2.2. Oberflächengestalt beim Bohren mit Spiralbohrern

Die Oberflächengüte ist eine Qualitätsgröße, die mit den oben beschriebenen Größen, Maß- und Formgenauigkeit, eng verbunden ist. Sie wird auch durch dieselben Einflußgrößen verursacht. Hier in diesem Abschnitt soll die Oberflächengestalt der Bohrungen betrachtet und im Hinblick auf Rauheit und möglicher Beeinflußung des Heilprozeßes durch Späne begutachtet werden.

Bild 8.9 zeigt eine Bohrungswand, wie sie häufig anzutreffen ist. Der Bohrvorschub verläuft von links nach rechts im Bild 8.9,a. Deutlich sind Bearbeitungsriefen in der Bohrungswand zu erkennen. Die Riefen entsprechen aber nicht dem Vorschub, sondern sie werden vom Aufschwingen des Werkzeuges verursacht (s. Abschn. 7.5, Bild 7.12). Die letzten beiden tiefen Riefen in der Bohrungswand entstehen beim Durchbrechen des Spiralbohrers durch die Kortikalis. Die Kortikalis besitzt meist eine gekrümmte Fläche, so daß sich beim Durchbrechen eine unsymmetrische Lastverteilung an den Hauptschneiden ergibt. Durch die resultierenden Radialkräfte wird der Spiralbohrer abgelenkt und erzeugt derartige Riefen. Im Bereich dieser Riefen finden sich größere Späneablagerungen, die mit dem Knochen fest verbunden sind, weil sie sich trotz intensiver Reinigung im Ultraschallbad nicht lösen.

Vergleicht man diese bearbeitete Oberfläche mit der Bruchfläche der Kompakta (Bild 5.2,a) so zeigt sich ein deutlicher Unterschied. Hier in diesem Bild 8.10,b ist die Knochenstruktur nur noch schwer erkennbar. Die Haverschen Kanälchen sind zum größten Teil verschmiert und die Faserstruktur

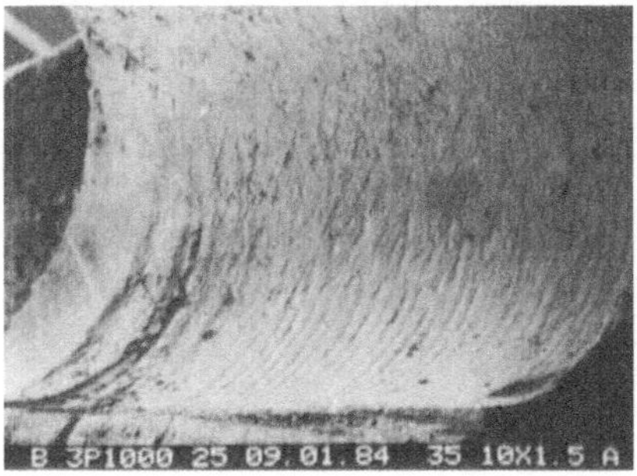

a,

b,

Bild 8.9 Oberfläche beim Bohren mit Spiralbohrern
a) V = 15 b) V = 104

ist schwer von den Bearbeitungsriefen zu unterscheiden. Der Knochen wird nicht scharfkantig abgeschert. Durch die Reibung der Nebenschneide verschmiert die gesamte Oberfläche.

Bei der Untersuchung der Oberflächengestalt wird noch ein weiterer Effekt ersichtlich. Bei Bohrungen, die mit Spiralbohrern mit großen Drallwinkeln (= 35°) gefertigt worden sind, zeigen sich am Bohrungsende größere Ausbrüche auf der Bohrungswand. Bei diesen Bohrern wird beim Durchbruch die Einziehkraft sehr hoch, so daß der Bohrer sehr schnell durchbricht und ganze Teile aus dem Knochen herausreißt.

Der Einfluß der Schnittbedingungen auf die Oberflächengestaltung zeigt sich folgendermaßen. Die Rauheit der Oberfläche nimmt mit steigender Vorschubkraft zu (Bild 8.10). Deutlich zeigt sich bei höherer Vorschubkraft die tiefer zerklüftete Oberfläche, auf der mehr Späne und tiefere Ausbrüche zu sehen sind. Die Schnittgeschwindigkeit besitzt dagegen keinen ausgeprägten Einfluß auf die Oberflächengestaltung.

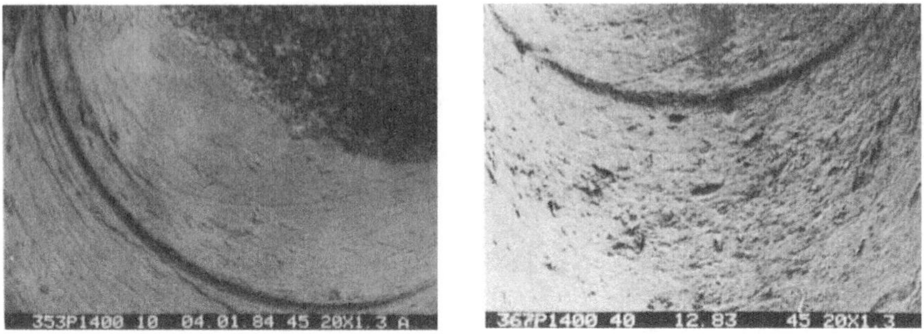

a, b,

Bild 8.10 Einfluß der Vorschubkraft auf die Oberfläche beim Bohren mit Spiralbohrern (V = 26)
a) F_f = 10 N b) F_f = 40 N

8.3.3. Beurteilung des selbsttätigen Einziehens des Spiralbohrers beim Durchbohren der Kortikalis

8.3.3.1. Analyse des Durchbrechens des Bohrers

Beim Durchbohren der Kortikalis kann der Bohrer am Ende des Bohrvorganges mit seiner Schneidenecke einhaken und sich selbsttätig einziehen. Die Einflüße auf das Einziehverhalten sollen untersucht werden, um die damit verbundene Gefahr der Weichteilverletzungen (s. Abschn. 2.2) zu minimieren. Dazu ist zunächst eine kurze Analyse des Durchbohrens der Kortikalis erforderlich.

Wie Bild 8.11 zeigt, setzt sich die Gesamtvorschubkraft F_{fges} aus einem Anteil der Querschneide F_{fQ}, einem der beiden Hauptschneiden $F_{fS1,2}$ und einem der beiden Nebenschneiden $F_{fS'1,2}$ zusammen. Beim Durchbohren der Knochenrinde tritt die Querschneide zuerst aus dem Werkstück. Dadurch reduziert sich die Gesamtvorschubkraft um die Komponente der Querschneide. Das vorhandene konstante Vorschubgewicht verteilt sich nun anteilmäßig auf die verbleibenden Komponenten. Da die Querschneide einen prozentualen Anteil

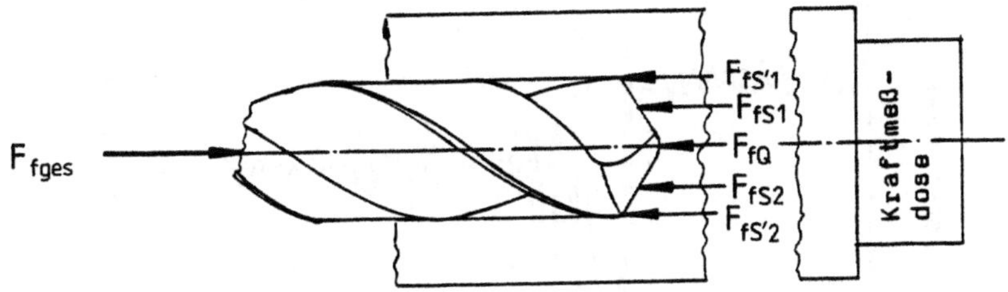

$$F_{fges} = F_{f1} + F_{f2} = F_{fS1} + F_{fS2} + F_{fS'1} + F_{fS'2} + F_{fQ}$$

Bild 8.11 Aufteilung der Vorschubkraft in einzelne Komponenten

von 50 - 70 % an der Vorschubkraft besitzt /76/, erfährt das Werkzeug in diesem Augenblick einen starken Ruck in Vorschubrichtung.

Dieser Sachverhalt ist in Bild 8.12 zu erkennen. In diesem Bild ist der Weg- und der Vorschubkraftverlauf beim Durchbruch des Spiralbohrers aufgezeichnet. Im Augenblick des Austrittes der Querschneide (Q) sinkt die Vorschubkraft ab und gleichzeitig erhöht sich die Vorschubgeschwindigkeit des Werkzeuges (s. auch Bild 3.6). Da das Vorschubgewicht bei der Versuchsdurchführung konstant bleibt, verteilt es sich kraftmäßig nun nur auf Haupt- und Nebenschneide. Nach erfolgtem Ausgleich von Vorschubkraft und Gegenkraft steigt die Vorschubkraft wieder an und das Werkzeug wird abgebremst. Aber infolge des dynamischen Grundgesetzes

$$F = m \frac{d^2 s}{dt^2} = m \cdot b \qquad (47)$$

das aussagt, daß die Kraft gleich der Masse x Beschleunigung ist, ergibt sich eine höhere Vorschubkraft durch den Ruck des Werkzeuges. Dadurch wird der Spiralbohrer nun wieder mit einem höheren Vorschub in den Knochen hineinbewegt. Dies erfolgt so lange bis - je nach Werkzeuggeometrie und Schnittbedingung - die Kraftkomponente der Schnittkraft in Vorschubrichtung größer als der Widerstand des Knochens wird und sich der Bohrer selbst einzieht (s. Bild 3.7) oder bis die Schneidenecke aus dem Werkstück austritt. Beim Einziehen des Bohrers wird durch die Masse des Werkzeugschlittens der Kno-

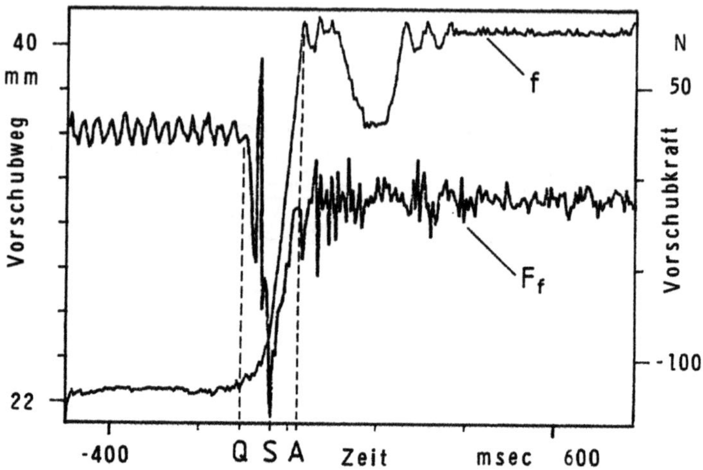

d	σ	γ_f	α_f	λ_s	k
4,5 mm	70°	35°	20°	-12°	0,9 mm

F_f = 35 N
v_c = 14,1 m/min

Bild 8.12 Weg- und Vorschubkraftverlauf beim Durchbruch des Spiralbohrers

chen auf den Spiralbohrer und damit aus seiner Einspannung gezogen. Dies ergibt eine negative Vorschubkraft.

Im Augenblick des Austrittes der Schneidenecke (S) fällt die Vorschub- bzw. Einziehkraft ab. Theoretisch würde sich das Werkzeug solange beschleunigen, bis der Ausgleich des Vorschubgewichtes mit der Vorschubkraftkomponente der Nebenschneide erfolgt ist. Real ist die Wegstrecke durch einen Anschlag begrenzt. Am Anschlag (A), wenn sich der Bohrer nicht mehr in Vorschubrichtung bewegt, wird das infolge der Spannuten stehengebliebene Material abgetrennt. Durch die Spannuten, die ähnlich wie Gewindegänge ausgebildet sind, zieht sich der Bohrer selbst in den Knochen. Diese negative Vorschubkraft gibt Aufschluß über die Einziehkraft, die nach dem Durchbohren auf den Bohrer wirkt.

Die vom Querschneiden- bis zum Schneideneckenaustritt zurückgelegte Wegstrecke entspricht der Länge der Spiralbohrerspitze. Diese Länge berechnet sich wie folgt (Bild 8.13):

$$c = \frac{d - k}{2 \cdot \tan \kappa} \qquad (48)$$

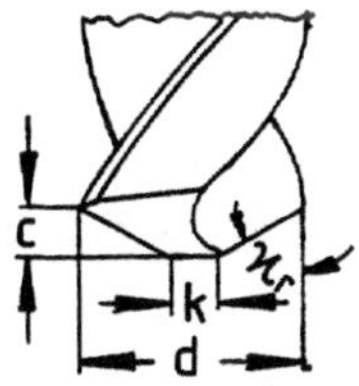

Bild 8.13 Definition der Länge der Spiralbohrerspitze

Damit ergeben sich drei Wegbereiche beim Durchbruch. Im ersten Bereich, der bis zum Punkt Q verläuft, entspricht die Weg-Zeit-Änderung der Vorschubgeschwindigkeit des Bohrvorganges. Mit dem Austritt der Querschneide ändert sich die Steigung und damit auch der Vorschub. In diesem Bereich erfolgt der Drehmomentenstoß auf den Spiralbohrer. Zwischen S und A erfolgt ein mehr oder weniger freies Durchfallen des Spiralbohrers. Die Steigung der Kurve in diesem Bereich gibt die Einziehgeschwindigkeit des Bohrer an, mit der er sich selbst in den Knochen zieht.

8.3.3.2. Geometrieabhängikeit des Einziehens

In diesem Abschnitt soll nun der Einfluß einiger wichtiger Geometriegrößen auf das Einziehverhalten des Spiralbohrers untersucht werden. Im Bild 8.14 ist die Einziehkraft in Abhängigkeit vom Drallwinkel und vom Spitzenwinkel dargestellt. An diesem Diagramm läßt sich der starke Einfluß des Drallwinkels erkennen.Die Einziehkraft erhöht sich zwischen den beiden Drallwinkeln vôn 26° und 35° auf das 4-fache. Der Einfluß des Spitzenwinkels ist dagegen gering. Die Einziehkraft nimmt mit steigendem Spitzenwinkel ab. Die Auswirkung des Spitzenwinkels auf die Einziehkraft hängt vom Einfluß des jeweiligen Drallwinkels ab. So stellt der Bohrer mit dem größten Drallwinkel und dem kleinsten Spitzenwinkel den ungünstigsten Bohrer dieser Untersuchungsreihe bzgl. der Einziehkraft dar. Der Spiralbohrer mit der entgegengesetzten Geometrie ergibt das günstigste Verhalten. Bei einem großen Drallwinkel besitzen die Spannuten eine flache Steigung. Durch die flache Steigung erhöht sich die Kraftkomponente der Schnittkraft in Vorschubrichtung, was nach dem Querschneidenaustritt eher zu einem selbsttätigen Einziehen führt.

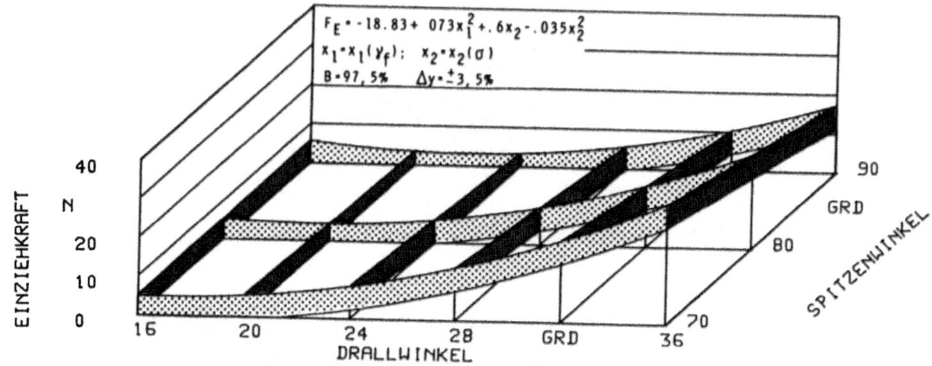

d	α_f	λ_s	k
4,5 mm	20^0	-11^0	0.9 mm

$F_f = 25$ N
n = 1000U/min

Bild 8.14 Einziehkraft als Funktion von Spitzenwinkel und Drallwinkel

Der Unterschied zwischen dem günstigsten und ungünstigsten Spiralbohrer wird bei der Gegenüberstellung des Momenten-, Vorschubkraft- und Wegverlaufes beider Bohrer über der Zeit deutlich (Bild 8.15). Das Momentendiagramm bei beiden Spiralbohrern zeigt den gleichen bekannten Verlauf. Das Drehmoment steigt langsam kontinuierlich an, bis die Bohrerspitze vollkommen im Eingriff ist. Danach bleibt das Drehmoment in Abhängigkeit von den jeweiligen Reibungskräften der Nebenschneiden relativ konstant bis zum Ende des Bohrvorganges - d.h. bis zum Durchbruch. Beim Durchbruch des Bohrers erfolgt ein Drehmomentenstoß, der aus dem höheren Vorschub beim Austreten der Bohrerspitze aus dem Knochen resultiert. Der Vorschub bzw. die Vorschubgeschwindigkeit hängt davon ab, wie leicht die Bohrerspitze aus dem Knochen austritt. Je höher die Vorschubgeschwindigkeit, umso höher ist auch der Drehmomentenstoß. Der Drehmomentenstoß bei beiden Spiralbohrern unterscheidet sich um ca. 100 %. Einen großen Unterschied sieht man auch im Vorschubkraftverlauf. Während beim günstigsteren Bohrer nur eine sehr geringe Einziehkraft auftritt, zeigt sich beim zweiten Bohrer ein großer negativer Vorschubkraftausschlag. Durch die höhere Einziehkraft wird der Bohrvorgang schneller beendet, was gut

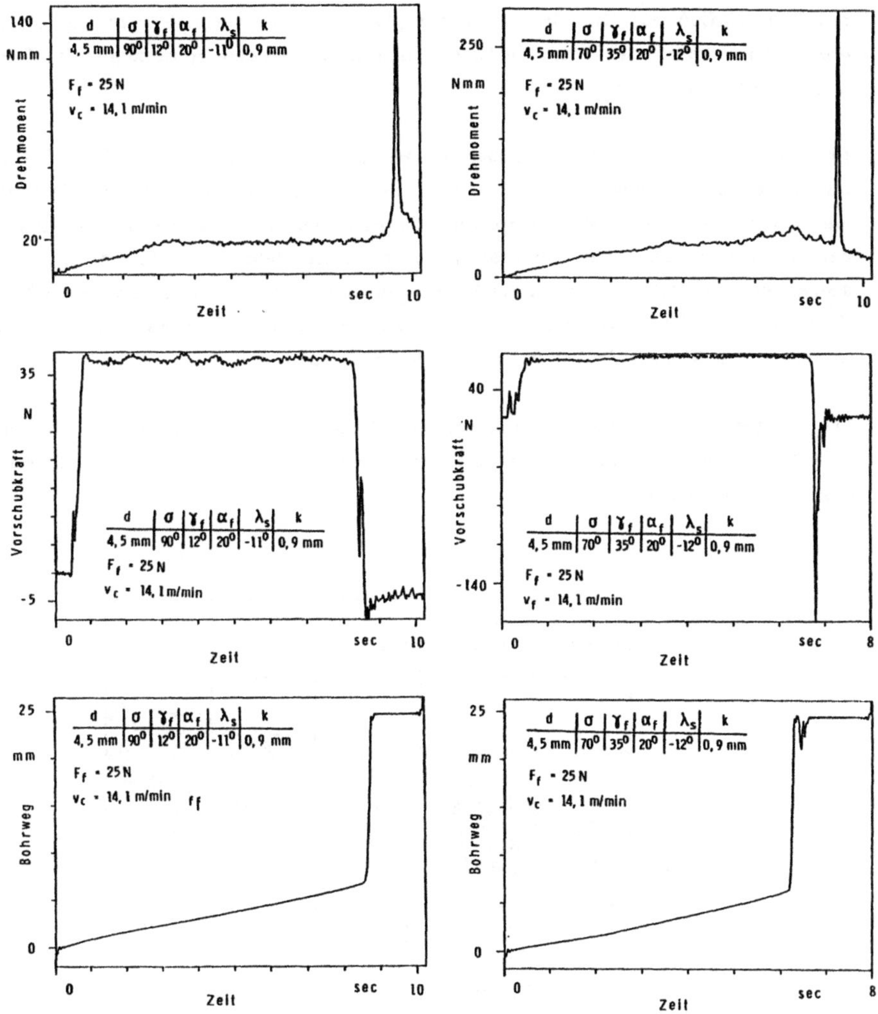

Bild 8.15 Gegenüberstellung des Momenten-, Vorschubkraft- und Wegverlaufes bei zwei Bohrern

an der unterschiedlichen Steigung im Wegdiagramm zu erkennen ist. Diese Steigung gibt Aufschluß über die Vorschubgeschwindigkeit, aus der sich wiederrum der Einfluß auf das Drehmoment ergibt. Mit der Gegenüberstellung dieser drei Größen kann man gut den Unterschied dieser beiden Spiralbohrer im Einzugsverhalten erkennen.

Eine weitere untersuchte Einflußgröße stellt der Freiwinkel dar (Bild 8.16). Mit steigendem Freiwinkel nimmt auch die Einziehkraft zu. Die Einziehkraft steigt über den untersuchten Freiwinkelbereich um das 4-fache an. Je größer der Freiwinkel an einem Spiralbohrer ist, umso leichter kann er sich frei schneiden und umso höher ist auch der Vorschub. Daraus resultiert die höhere Einziehkraft. Zur Verbesserung des Einzugsverhalten des Spiralbohrers sollte er mit einem kleinen Freiwinkel angeschliffen werden.

Die letzte untersuchte Geometriegröße bezüglich der Einziehkraft ist die Kerndicke. Diese Größe besitzt einen solch geringen Einfluß, daß er vernachlässigt werden kann.

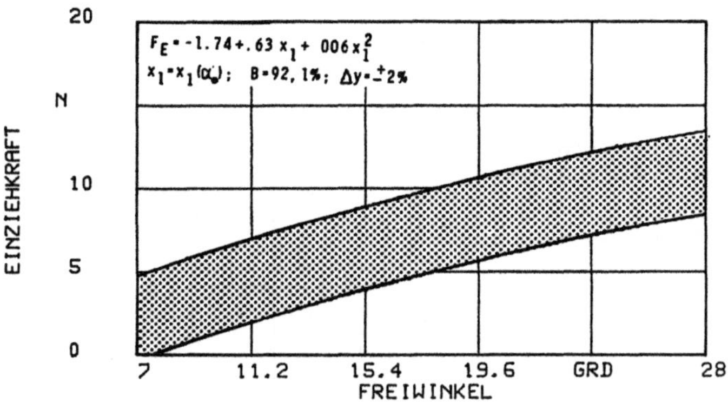

d	σ	γ_f	λ_s	k
4,5 mm	80^0	26^0	-10^0	0,9mm

F_f = 25 N
n = 1000 U/min

Bild 8.16 Einziehkraft als Funktion vom Freiwinkel

8.3.3.3. Abhängigkeit des Einziehens von den Schnittbedingungen

Als nächstes wird der Einfluß der Schnittbedingungen auf das selbsttätige Einziehen betrachtet. In Bild 8.17 ist die Abhängigkeit der Einziehkraft von der Schnittgeschwindigkeit und der Vorschubkraft dargestellt. Diese beiden Parameter beeinflußen die Einziehkraft stark. Mit steigender Vorschubkraft nimmt auch die Einziehkraft zu. Mit der Folge einer Drehmomenterhöhung wird der Bohrer durch die höhere Vorschubkraft stärker in den Knochen hineingedrückt. Dadurch bildet sich leichter eine größere Einziehkraft. Dieser Effekt verringert sich ab einer Vorschubkraft von 30 N. Mit der Schnittgeschwindigkeit hingegen nimmt die Einziehkraft ab. Die höchste Einziehkraft tritt bei der kleinsten untersuchten Schnittgeschwindigkeit auf und fällt mit deren Anstieg ab. Bei höheren Schnittgeschwindigkeiten schert der Spiralbohrer leichter einen Span ab, während er bei den kleineren Schnittgeschwindigkeiten eher am Knochen abgleitet.

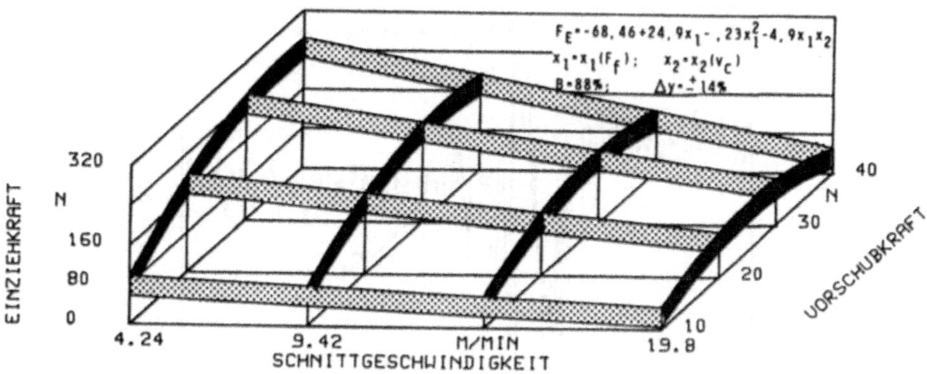

d	σ	γ_f	α_f	λ_s	k
4,5 mm	70°	36°	20°	-11°	0,9 mm

Bild 8.17 Einziehkraft als Funktion von den Schnittbedingungen

Dies zeigt sich auch, wenn man das Ende eines Bohrvorganges betrachtet. In Bild 8.18 ist der Weg- und Vorschubkraftverlauf beim Durchbruch bei zwei verschiedenen Schnittgeschwindigkeiten aufgezeichnet. Bei der Schnittgeschwindig-

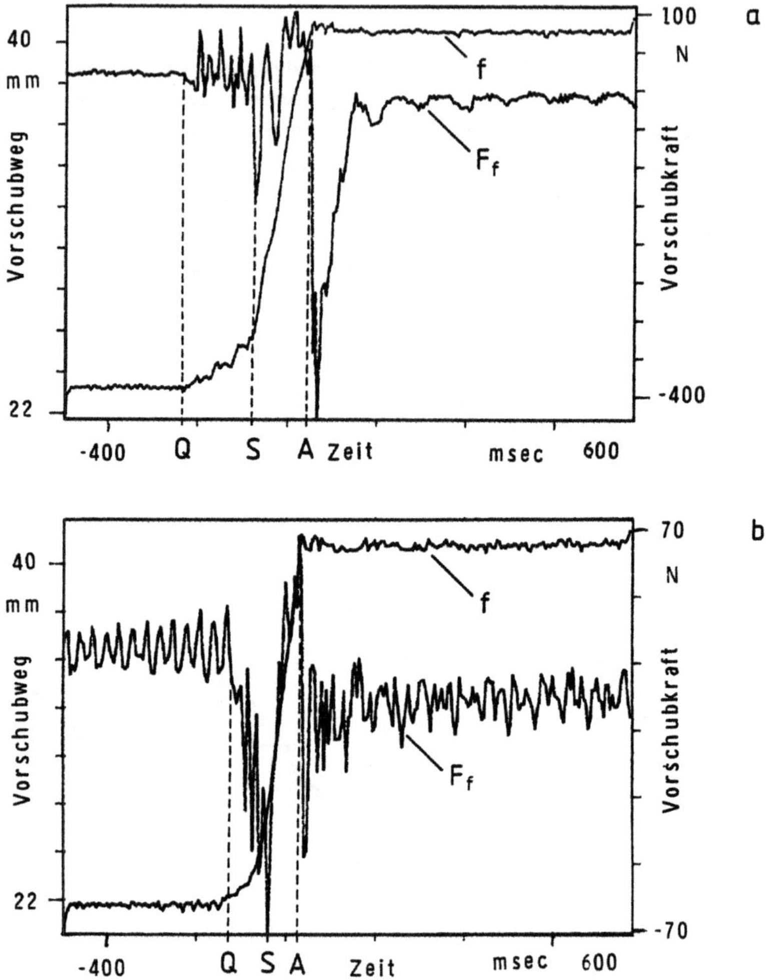

d	σ	γ_f	α_f	λ_s	k
4,5 mm	70^0	35^0	20^0	-12^0	0,9 mm

F_f = 35 N

Bild 8.18 Weg- und Vorschubkraft in Abhängigkeit von der Schnittgeschwindigkeit beim Durchbruch des Spiralbohrers
a) v_c = 4,2 m/min b) v_c = 14,1 m/min

keit von 4,2 m/min gleitet der Spiralbohrer nach dem Durchbruch mehr oder weniger am Knochen ab und zerspant nur wenig. Erst am Anschlag des Schlittens wird das stehengebliebene Material abgespant und der große Ausschlag der Einziehkraft tritt auf. Bei der höheren Schnittgeschwindigkeit von 14,1 m/min zerspant der Spiralbohrer zwischen dem Querschneidendurchbruch und dem Austritt der Schneidenecke den Knochen. Nach dem Anschlag wird nur noch ein geringer Rest abgespant. So tritt in diesem Fall die höchste Einziehkraft beim Austritt der Bohrerspitze auf.

Dieser Effekt kann mit dem Energieerhaltungssatz erklärt werden. Die Rotationsenergie des Spiralbohrers

$$E = J\frac{\omega^2}{2}$$

hängt bei gleichbleibendem Massenträgheitsmoment stark von der Winkelgeschwindigkeit ab. Bei kleinen Schnittgeschwindigkeiten reicht die Rotationsenergie nicht aus, die zusätzliche Zerspanarbeit durch den vergrößerten Vorschub zu leisten, so daß der Spiralbohrer am Knochen abgleitet. Bei höheren Schnittgeschwindigkeiten hingegen besitzt der Spiralbohrer eine für die nötige Zerspanarbeit ausreichende Rotationsenergie. Damit ergibt sich der Unterschied zwischen den Schnittgeschwindigkeiten, was bedeutet, daß sich bei kleineren die Einziehkraft erst nach vollkommenen Durchbruch des Bohrers bildet, während bei höheren schon beim Durchbruch der Bohrerspitze.

Betrachtet man dagegen nicht die Einziehkraft sondern die Vorschubgeschwindigkeit beim Durchbruch, so steigt diese mit der Schnittgeschwindigkeit an. Diese Vorschubgeschwindigkeit beim Durchbruch hängt nämlich vom Einhaken und der jeweiligen Drehzahl des Spiralbohrers ab.

8.3.4. Zusammenfassung der Ergebnisse von der spanenden Bearbeitung mit Spiralbohrern

In der spanenden Knochenbearbeitung hat man andere Ziele als in der Metallbearbeitung zur Grundlage. In der Medizin muß ein optimaler Heilprozeß gewährleistet sein. Das stellt folgende Anforderungen an das Werkzeug:

- exakte Funktionserfüllung,
- keine zusätzliche Gewebeschädigung durch die Bearbeitung.

Aufgrund der Ergebnisse dieser Untersuchung kann eine verbesserte Geometrie angegeben werden. Dieser neue Spiralbohrer besitzt folgende Geometrie: Einen Drallwinkel von 10° - 14°, einen Spitzenwinkel von 70° - 80°, einen Freiwinkel von 18° - 24° und eine Kerndicke, die 10% vom Spiralbohrerdurchmesser betragen sollte.

Mit dieser verbesserten Schneidengeometrie können erheblich kürzere Schnittzeiten erreicht werden und damit auch eine Verkürzung der Einwirkzeit der Temperatur. Der Zerspanvorgang läuft mit einer geringeren Reibungsenergie ab und dadurch auch mit einer niedrigeren Temperaturerhöhung. Neben der Verringerung der thermischen Schädigung ergeben sich noch weitere Vorteile.

Durch den kleinen Drallwinkel werden die Späne schnell aus dem Bohrloch herausbefördert. Aber der wesentliche Vorteil des kleinen Drallwinkels besteht beim Durchbohren der Kortikalis. Der Ruck beim Austreten aus dem Bohrloch wird erheblich verringert und damit läßt sich weitgehend eine Weichteilverletzung auf der gegenüberliegenden Kortikalisseite vermeiden. In gleicher Weise wird mit dieser Geometrie die Gefahr eines Ausreißens von Knochenpartikeln beim Durchbrechen vermindert.

Der kleine Spitzenwinkel ergibt am Spiralbohrer eine längere Bohrerspitze. Zusammen mit der dünneren Kerndicke hat dies eine ausgeprägtere Spitze zur Folge. Dadurch läßt sich dieser Bohrer leichter auf dem Knochen ansetzen und zentrieren, die Gefahr des Abgleitens beim Anbohren ist damit auch stark verringert. Daraus ergibt sich eine bessere Maßhaltigkeit für die Bohrungen. Für die spanende Knochenbearbeitung wird am Spiralbohrer ein größerer Freiwinkel als für die Metallbearbeitung benötigt. Der Knochen ist weicher und elastischer als Metall, dadurch kann der Spiralbohrer leichter eindringen und die elastische Verformung bildet sich nach dem Durchgang des Schneidkeiles wieder zurück. Damit sich der Spiralbohrer trotzdem freischneiden kann, muß der Freiwinkel größer ausgebildet sein. Diese drei Größen im Zusammenhang zeigen noch einen weiteren Vorteil. Der Operateur benötigt einen geringeren Kraftaufwand zum Bohren, der Bohrer dringt leichter ein. Damit ergibt sich eine Bohrzeitverkürzung mit daraus folgenden Vorteilen.

Auch über die Einsatzbedingungen zur Handhabung des Spiralbohrers können Verbesserungsvorschläge angegeben werden. Die Bohrungen sollten mit einer mittleren Schnittgeschwindigkeit von 9 - 14 m/min ausgeführt werden. Im Hinblick auf die Vorschubkraft sollte nicht zu zaghaft, aber auch nicht mit übermäßiger Kraft gebohrt werden. Die Bohrungen sollten zügig, mit einer dem Bohrerdurchmesser und dem Knochen angepaßten Vorschubkraft ausgeführt werden. Für die Vorschubkraft und Schnittgeschwindigkeit existiert ein optimaler Bereich. Bei einem Spiralbohrer von 4,5 mm Durchmesser erstreckt sich dieser Bereich für die Vorschubkraft von 30 - 45 N und für die Schnittgeschwindigkeit von 9 - 16 m/min (n = 700 - 1200 U/min). Eine Erhöhung darüber hinaus erbringt keine Verbesserung mehr. Die zuviel aufgebrachte Energie wird in Wärme umgewandelt mit all ihren negativen Folgen. Im Hinblick auf das Einziehverhalten sollte der Spiralbohrer beim Austritt aus dem Knochen mit niedriger Drehzahl und kleiner Vorschubkraft geführt werden. Damit kann die Gefahr einer transossären Weichteilverletzung noch zusätzlich verringert werden.

Der Einsatz eines Kühlmittels bringt auf jeden Fall eine zusätzliche Wärmeabfuhr und eine starke Reduzierung der Temperatur. Beim Durchbohren der Gegenkortikalis jedoch wird die physiologische Kochsalzlösung, die als Kühlmittel eingesetzt wird, wenn sie von außen aufgebracht wird, nur mit Schwierigkeiten an die Zerspanstelle herangeführt werden können. So wird in diesem Fall nur eine geringere zusätzliche Wärmeabführung möglich sein. Beim Einsatz eines Spiralbohrers muß man sich im klaren sein, daß jede Schneide einem Verschleiß unterworfen ist. Mit einem Spiralbohrer können nur eine begrenzte Anzahl von Bohrungen ausgeführt werden, denn über 20 - 30 Bohrungen hinaus ist die Schneide zu stark abgestumpft mit den Folgen einer thermischen Schädigung.

8.4. Ergebnisse bei der spanenden Bearbeitung mit Sägewerkzeugen

8.4.1. Thermisches Verhalten bei der spanenden Bearbeitung mit Sägewerkzeugen

8.4.1.1. Untersuchung der Werkzeuggeometrie

In diesem Abschnitt wird das Sägen von Knochen mit spanenden Werkzeugen untersucht, welches das Hauptverfahren zum Durchtrennen des Knochens für Osteotomien darstellt. Für die Untersuchung kommen derzeitige in der Medizin übliche oszillierende Sägewerkzeuge zum Einsatz. Die Darstellung der Ergebnisse beim Sägen erfolgt in gleicher Weise wie im Abschnitt 8.1. beschrieben. Es wird der Einfluß der untersuchten Parameter auf die drei Beurteilungskriterien Temperatur, Vergleichszeit und schädigende Temperatur aufgezeigt.

Die Knochenform stellt eine Schwierigkeit bei der Untersuchung des Sägens von Knochen dar. Beim Sägen in Röhrenknochen ändert sich ständig die Eingriffslänge, so daß keine konstanten Verhältnisse vorhanden sind. Deshalb werden aufgrund von Voruntersuchungen /58/ nach der Längsachse aufgeschnittene Knochenstücke verwendet, bei denen sich kaum die Corticalisdicke und damit die Eingriffslänge der Säge ändert. Diese Knochenstücke liefern die gleichen Ergebnisse wie ganze Röhrenknochen. Um vergleichbare Ergebnisse zu erhalten muß die Schnittzeit wegen der sich ändernden Eingriffslänge nicht nur auf die Schnittlänge, sondern auch auf die Eingriffslänge normiert werden. Die Temperatur wird nach 7,5 mm Schnittlänge gemessen, weil Voruntersuchungen /58/ zeigten, daß nach einer kurzen Schnittlänge von 3 mm die Temperatur im Knochen konstant bleibt.

Die Untersuchung der Schneidengeometrie erfolgt als Vergleich der Beurteilungskriterien Temperatur, Vergleichszeit und schädigende Temperatur einzelner Sägewerkzeuge. Im Bild 8.19 sind die Beurteilungskriterien als Funktion von der Vorschubkraft zweier Stichsägeblätter aufgezeichnet, die sich in der Sägeblattdicke unterscheiden. Dieser Vergleich der beiden Sägewerkzeuge bringt folgendes Ergebnis. Um einen Schnitt zu ermöglichen, werden für das dickere Werkzeug höhere Vorschubkräfte benötigt. Entsprechend liegen bei diesem Werkzeug die Beurteilungskriterien Temperatur, Vergleichszeit und schädigende Temperatur höher. Die Temperatur liegt beim dickeren Sägewerkzeug im unteren Vorschubkraftbereich signifikant um etwa 20 °C über der

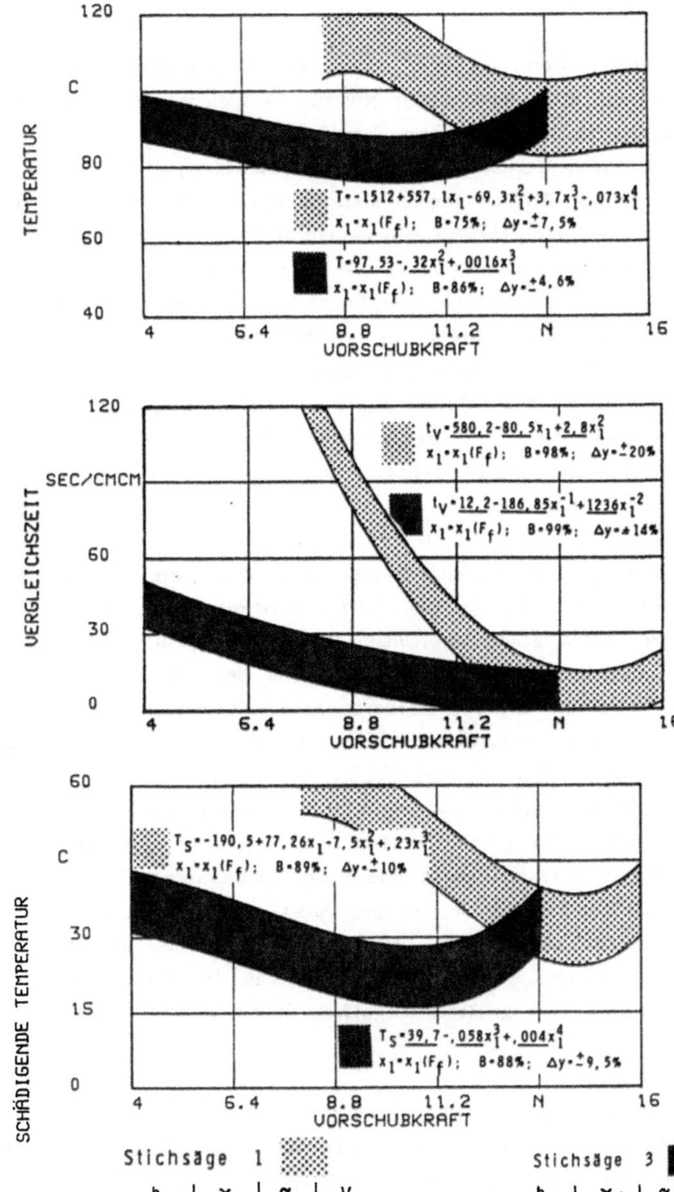

Stichsäge 1

b	γ_0	α_0	V_{ZL}
1,2 mm	-22,5°	67,5°	1,04 mm³

n = 10 000 U/min

Stichsäge 3

b	γ_0	α_0	V_{ZL}
0,8mm	-22,5°	67,5°	0,7 mm³

n = 10 000 U/min

Bild 8.19 Einfluß der Sägeblattbreite auf Temperatur, Vergleichszeit und schädigende Temperatur

des vergleichbaren Werkzeuges. Im oberen Vorschubkraftbereich liegen die Temperaturwerte auf etwa dem selben Niveau. In gleicher Weise verhält es sich bei der Vergleichszeit. Im unteren Vorschubkraftbereich liegen die Vergleichszeiten des dickeren Werkzeuges um ein mehrfaches signifikant höher, während sie sich im oberen Bereich wieder stark annähern. Da für das dickere Sägewerkzeug höhere Vorschubkräfte aufgebracht werden müssen, ergeben sich auch niedrigere Vorschubgeschwindigkeiten und damit höhere Kontaktzeiten zwischen Werkzeug und Werkstück. Dadurch ergibt sich ein größerer Wärmeübergang, wodurch die höheren Temperaturen im Knochen auftreten. Im oberen Vorschubkraftbereich dagegen, in dem sich etwa gleiche Vergleichszeiten ergeben, treten entsprechend gleiche Temperaturen auf. Auch im Diagramm der schädigenden Temperatur zeigt sich das selbe Verhalten, das Auseinanderklaffen im unteren Vorschubkraftbereich und das mit steigender Vorschubkraft ineinandergehen der beiden Kurven.

Als weiteres folgt ein Vergleich zweier Sägeblätter, die sich in der Geometrie des Sägezahnes, also im Span- und Freiwinkel, unterscheiden (Bild 8.20). Da ein entsprechend großer Freiwinkel keinen Einfluß auf die Zerspanung ergibt, kann mit diesem Vergleich der Einfluß des Spanwinkels und des sich daraus resultierenden Zahnlückenraumes ermittelt werden. Die Beurteilungskriterien Temperatur, Vergleichszeit und schädigende Temperatur beider Werkzeuge unterscheiden sich nur geringfügig. Dabei liegen die Werte bei der Säge mit dem größeren negativen Spanwinkel immer etwas höher. Auch werden bei dieser Säge höhere Vorschubkräfte benötigt, um einen Sägeschnitt zu ermöglichen. In der Temperatur unterscheiden sich beide Sägewerkzeuge nur um den jeweiligen Streubereich. In der Vergleichszeit gehen die beiden Kurven dagegen schon weiter auseinander, erkennbar auch in der jeweils notwendigen Vorschubkraft. Dementsprechend liegt das Niveau der schädigenden Temperatur bei der Säge mit dem größeren negativen Spanwinkel um etwa 10 - 15 °C höher.

Dies kann sich aus dem Spanwinkel, aber auch durch die kleineren Zahnlückenräume ergeben. Bei kleineren Spanwinkeln wird eine höhere Energie zum Zerspanen eines Werkstoffes benötigt mit entsprechend höherer Wärmemenge. Ähnlich verhält es sich mit dem kleineren Zahnlückenraum. Dieser füllt sich durch die anfallende Spanmenge schneller an, mit einer daraus resultierenden Verschlechterung des Zerspanvorganges.

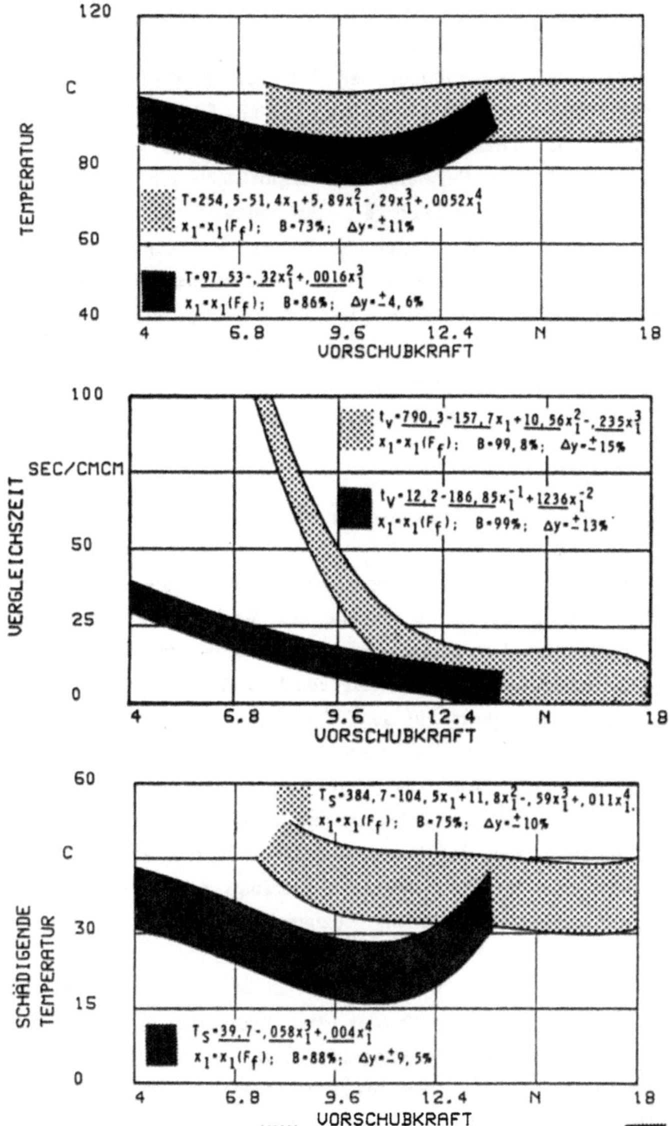

Stichsäge 2

b	γ_0	α_0	V_{ZL}
0,8 mm	-30°	60°	0,54 mm³

n = 10 000 U/min

Stichsäge 3

b	γ_0	α_0	V_{ZL}
0,8 mm	-22,5°	67,5°	0,7 mm³

n = 10 000 U/min

Bild 8.20 Einfluß der Winkelgeometrie des Sägewerkzeuges auf Temperatur, Vergleichszeit und schädigende Temperatur

Es erfolgt noch eine Untersuchung des Einflußes der Zahnteilung als Vergleich zweier Tiefensägen mit unterschiedlicher Zahnteilung (Bild 8.21). Es tritt nur ein kleiner Unterschied in den Ergebnissen beider Sägewerkzeuge auf, er beträgt im Mittel 5 °C. Dieser Unterschied liegt fast im Streubereich der Ergebniswerte liegen. In der Vergleichszeit ergibt sich ein etwas größerer Unterschied. Hier liegt die Vergleichszeit des Sägewerkzeuges mit der größeren Zahnteilung um ca. 20 - 30% unter dem Wert der Vergleichssäge. Das Diagramm der schädigenden Temperatur zeigt ein ähnliches Verhältnis der Ergebnisse wie bei der Temperatur. Die schädigende Temperatur unterscheidet sich nur gering zwischen den beiden Werkzeugen. Durch die größere Zahnteilung besitzt das Werkzeug einen größeren Spanraum; das Werkzeug kann ein größeres Spanvolumen aufnehmen und schneidet etwas aggressiver.

8.4.1.2. Untersuchung der Einsatzbedingungen

Als weiteres werden die Einsatzbedingungen für die Sägewerkzeuge untersucht, um eine eventuell verbesserte Handhabung der Werkzeuge zu ermöglichen. Zuerst soll bei der spanenden Bearbeitung von Knochen mit Sägewerkzeugen der Einfluß der Schnittbedingungen ermittelt werden. Voran gestellt wird der Einfluß der Schnittgeschwindigkeit. In den Sägehandstücken wird die Drehbewegung des Antriebsmotors über einen Exzenter- bzw. Kurbeltrieb in eine oszillierende Hubbewegung umgesetzt. Über der Zeit aufgetragen ergibt sich hieraus ein sinusförmiger Verlauf für die Schnittgeschwindigkeit, die ihren Maximalwert in der Mitte erreicht und in den Umkehrpunkten praktisch gleich Null ist. Aus der Hublänge und der Antriebsdrehzahl erfolgt die Berechnung einer mittleren Schnittgeschwindigkeit, die als Bezugsgröße für die Beurteilung herangezogen wird.

Im Bild 8.22 ist die Abhängigkeit der drei Beurteilungskriterien Temperatur, Vergleichszeit und schädigende Temperatur von der Schnittgeschwindigkeit bei der oscillierenden Tiefensäge dargestellt. Es läßt sich eine schwache Abhängigkeit der Temperatur von der Schnittgeschwindigkeit angeben. Die Regressionsgleichung läßt sich nur mit Hilfe von Koeffizienten höherer Ordnung auf ein entsprechendes Bestimmtheitsmaß ermitteln. Diese Koeffizienten, die signifikant angegeben werden können, besitzen nur kleine Zahlenwerte. Dies zeigt, daß die Temperatur bei dem untersuchten Schnittgeschwindigkeitsbereich nur geringen Änderungen unterworfen ist. Die Vergleichszeit dagegen wird massiv

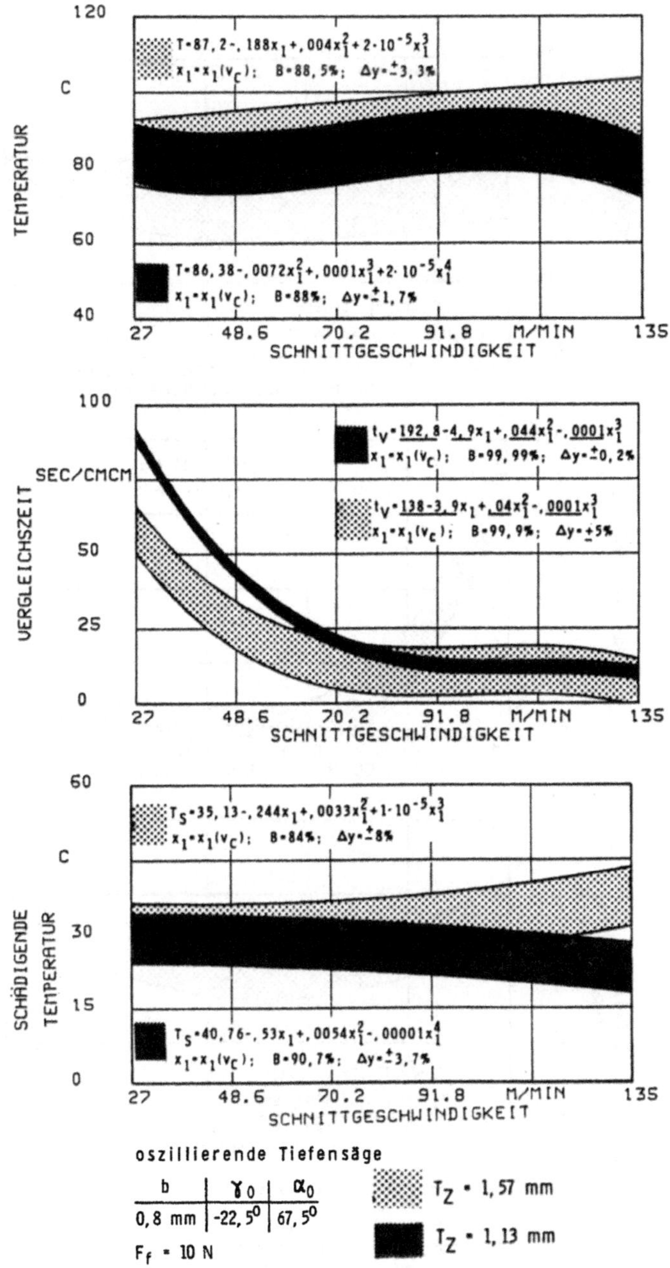

Bild 8.21 Einfluß der Zahnteilung auf Temperatur, Vergleichszeit und schädigende Temperatur

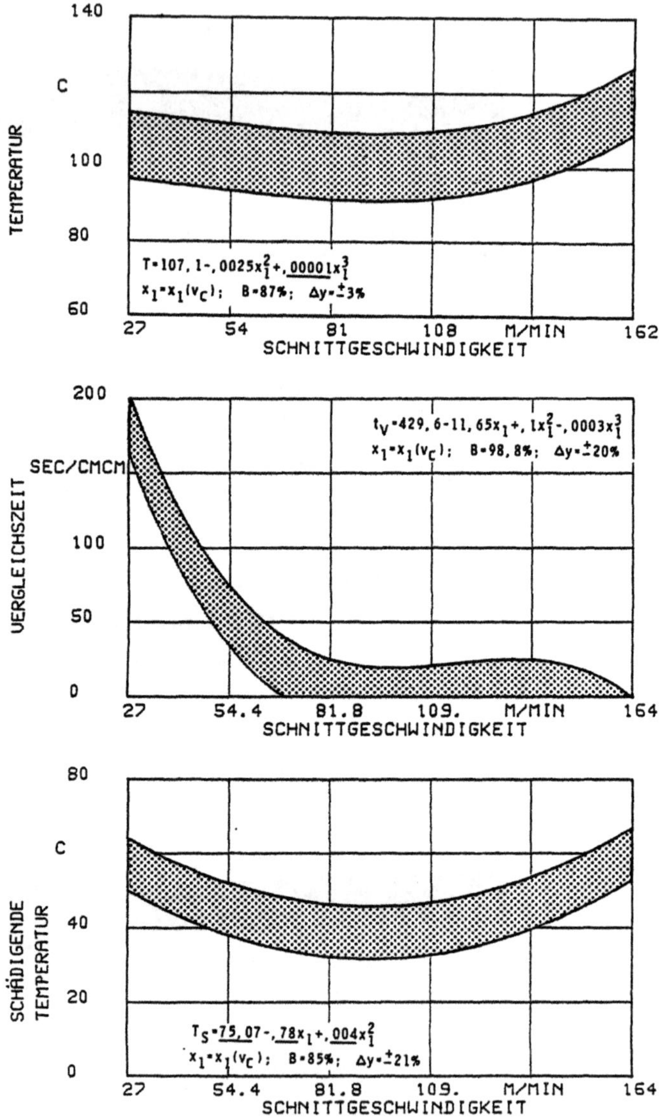

oszillierende Tiefensäge 1

b	γ_0	α_0	V_{ZL}
0,8 mm	-22,5°	67,5°	0,62 mm³

F_f = 8 N

Bild 8.22 Temperatur, Vergleichszeit und schädigende Temperatur als Funktion von der Schnittgeschwindigkeit beim Sägen

von der Schnittgeschwindigkeit beeinflußt. Sie fällt stark mit der Schnittgeschwindigkeit ab und nähert sich langsam dem niedrigsten Wert. Der positive quadratische Koeffizient in der Regressionsgleichung weist darauf hin, daß die Kurve im oberen Schnittgeschwindigkeitsbereich wieder etwas leicht ansteigt.

Die Kurve der schädigenden Temperatur zeigt auch das entsprechende Verhalten. In dieser Beurteilungsgröße sind ja die beiden anderen mitberücksichtigt. Diese Kurve zeigt eine quadratische Abhängigkeit der schädigenden Temperatur von der Schnittgeschwindigkeit. Die schädigende Temperatur fällt auf ein Minimum im mittleren Schnittgeschwindigkeitsbereich ab und steigt danach wieder an. Bis in diesen mittleren Bereich hinein zeigt sich auch bei der Vergleichszeit ein starkes Abfallen. Über diesen Bereich hinaus äußert sich die Energiezunahme nicht mehr in einer Vorschuberhöhung, sondern in einer Erhöhung der Temperatur und damit auch der schädigenden Wirkung.

Im nächsten Bild (Bild 8.23) sind die drei Beurteilungskriterien als Funktion von der Vorschubkraft aufgezeichnet. Die Temperatur kann zwar als Funktion von der Vorschubkraft mit einem guten Bestimmtheitsmaß angegeben werden, aber die Koeffizienten besitzen alle ein Signifikanzniveau kleiner 95%, d.h., daß ein geringer statistisch gesicherter Einfluß der Vorschubkraft auf die Temperatur als tendentielle Abhängigkeit hergeleitet werden kann. Die Temperatur schwankt nämlich über den untersuchten Vorschubkraftbereich in ihrer Streubreite. Auf die Vergleichszeit dagegen besitzt die Vorschubkraft einen hohen signifikanten Einfluß. Die Vergleichszeit fällt im unteren Vorschubkraftbereich stark ab und nähert sich danach langsam dem Minimum. Die Regressionsgleichung setzt sich aus solchen Gliedern zusammen, mit denen der Hinweis möglich ist, daß ein Ansteigen der Vergleichszeit im oberen Vorschubkraftbereich erfolgen kann.

Die schädigende Temperatur zeigt wieder eine Zusammenfassung der beiden oberen Ergebnisse. Die schädigende Temperatur besitzt die Tendenz in ihrer Streubreite über den untersuchten Vorschubkraftbereich zu schwanken. Je höher die Vorschubkraft, um so kürzer die Schnittzeiten und damit auch Kontaktzeiten zwischen Werkzeug und Werkstück. Entsprechend verringert sich auch die schädigende Temperatur und die schädigende Wirkung der Bearbeitung.

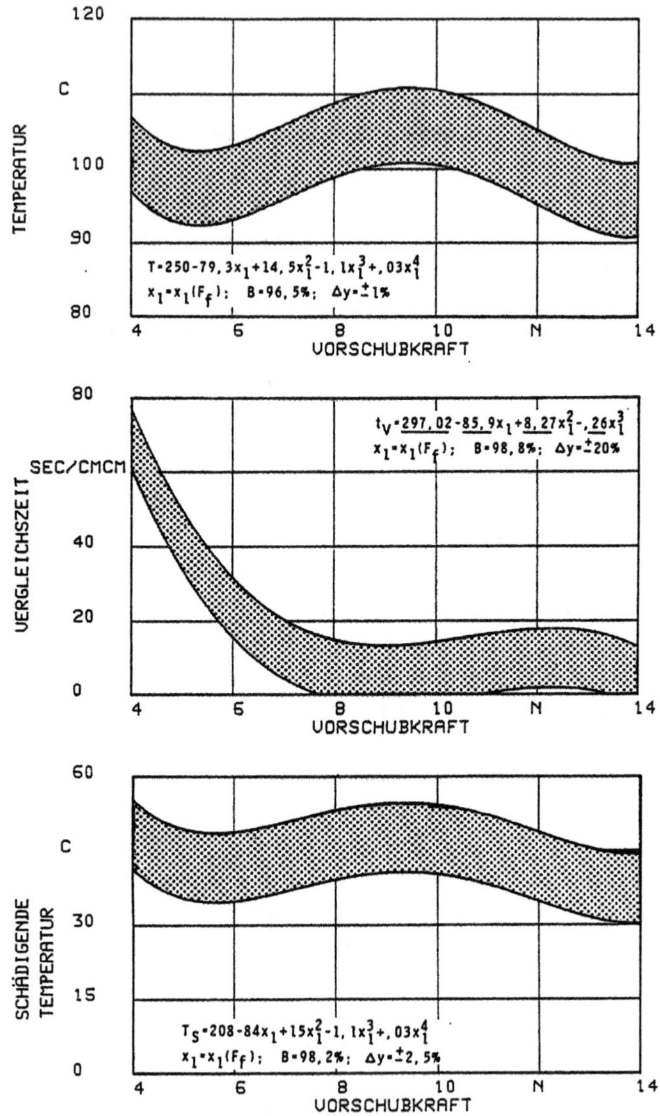

oszillierende Tiefensäge 1

b	γ_0	α_0	V_{ZL}
0,8 mm	-22,5°	67,5°	0,62 mm³

n = 10 000 U/min

Bild 8.23 Temperatur, Vergleichszeit und schädigende Temperatur als Funktion von der Vorschubkraft beim Sägen

Als nächstes wird bzgl. der spanenden Bearbeitung von Knochen mit Sägewerkzeugen der Einfluß der Kühlung untersucht. Ein Kühlmitteleinsatz scheint angesichts der Temperaturhöhe beim Sägen angebracht, um die Temperatur unter die Grenze von 56°C zu drücken. Als Kühlmittel wird physiologische Kochsalzlösung eingesetzt, die während des Schnittes das Sägeblatt umspült.

Der Einfluß der Kühlung ist in Bild 8.24 als Vergleich des Sägens mit Kühlung und ohne Kühlung dargestellt. Bei einer Betrachtung des Temperaturdiagrammes fällt ein erheblicher Unterschied auf. Mit Kühlung steigt die Temperatur mit der Vorschubkraft an, ohne Kühlung zeigt sie das bekannte Verhalten. Durch die Kühlung liegt das Temperaturniveau erheblich niedriger, da die Zerspanungswärme teilweise vom Kühlmittel abgeführt wird. Der Temperaturunterschied beträgt 40 - 50°C. Auch in der Vergleichszeit tritt ein Unterschied auf. Die Schnittzeit liegt beim Einsatz einer Kühlung um das dreifache über der ohne Kühlung. Im Diagramm der schädigenden Temperatur zeigt sich ein gegenläufiges Verhalten beider Kurven. Mit Kühlung steigt die schädigende Temperatur über der Vorschubkraft an, ohne Kühlung fällt sie dagegen zuerst ab und steigt dann wieder an. Trotzdem ergibt sich ein Niveauunterschied von 30 - 50 °C. In gleicher Weise werden für die Versuche mit Kühlung höhere Vorschubkräfte benötigt, um überhaupt einen Sägevorgang zu erzielen. Dies weist darauf hin, daß die Kühlung den Sägevorgang behindert.

Dies kann mit folgender Annahme erklärt werden. Die Zahnlückenräume füllen sich beim Sägen mit Kühlung mit einer Masse aus feinen Knochenspänen und Kühlflüssigkeit, die durch die Zerspanungswärme relativ schnell austrocknet und aushärtet. Dadurch verkleben die Zahnlückenräume, welches zu einer erheblichen Verschlechterung der Zerspanung führt, weil kein Raum mehr zur Aufnahme der Knochenspäne vorhanden ist. Bild 8.25 zeigt ein Sägeblatt das zum Sägen von Knochen mit Kühlung eingesetzt wurde. Deutlich können an dem Sägeblatt die vollgesetzten Zahnlückenräume erkannt werden. Dieses Bild zeigt den Grenzeingriffsbereich des Sägeblattes. Mit diesem Effekt können die höheren Vorschubkräfte und Vergleichszeiten mit Kühlmittel erklärt werden. Durch das Herauspressen der harten Masse aus den Zahnlückenräumen entstehen zusätzliche Reibungsenergien, die die Temperatur leicht ansteigen lassen. Der Einsatz einer Kühlung beim Sägen verbessert also einerseits die Zerspanung bzgl. der Temperaturhöhe, hebt aber andererseits die Verbesserung durch eine Verschlechterung in der Schnittzeit teilweise wieder auf.

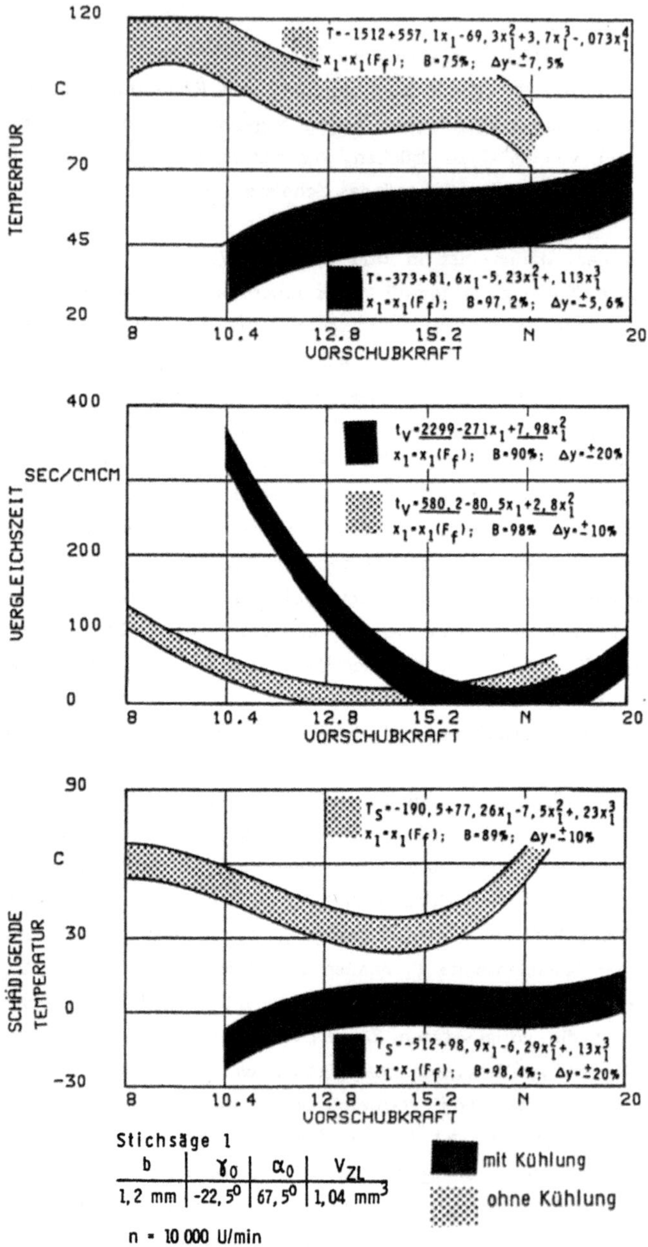

Stichsäge 1

b	γ_0	α_0	V_{ZL}
1,2 mm	-22,5°	67,5°	1,04 mm³

n = 10 000 U/min

Bild 8.24 Einfluß der Kühlung beim Sägen auf Temperatur, Vergleichszeit und schädigende Temperatur

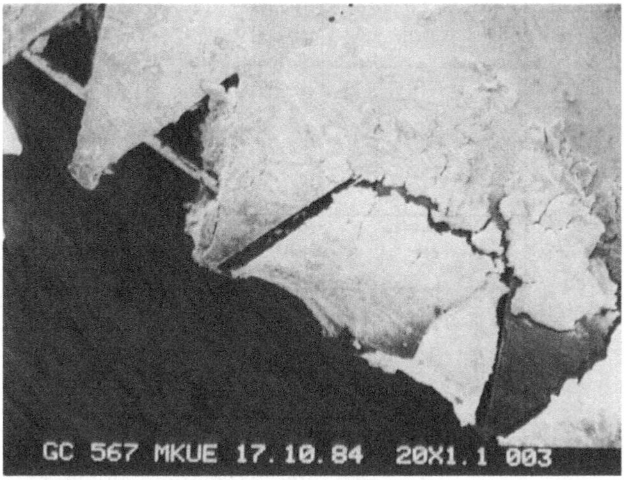

Bild 8.25 Sägeblatt zum Sägen mit Kühlung eingesetzt

Als weiters wird die Verschleißanfälligkeit des Sägewerkzeuges untersucht. Sie wird als Funktion der Temperatur, der Vergleichszeit und der schädigenden Temperatur von der Anzahl der mit einem Werkzeug durchgeführten Versuche ermittelt (Bild 8.26). Als Grundlage für dieses Ergebnis dienen 310 Versuche mit einem Werkzeug. Die Temperatur ändert sich mit einem kleinen Koeffizienten mit der Anzahl der Versuche. Das Bestimmtheitsmaß der Regressionsgleichung von 9,5% läßt den Schluß zu, daß die Temperatur vom Verschleiß sehr gering beeinflußt wird. Die Vergleichszeit steigt linear um ca. 6 sec/cm cm über den Gesamtbereich. Dies weist auf eine Abnutzung der Säge mit Verlangsamung des Vorschubs hin. Ein entsprechendes Verhalten ergibt sich bei der schädigenden Temperatur, die tendentiell mit der Anzahl der Versuche leicht linear ansteigt. Dieses Ergebnis läßt auf eine niedrige Verschleißanfälligkeit schließen, welche mit dem großen negativen Spanwinkel zu erklären ist. Ein negativer Spanwinkel liefert niedrigere Schnittkräfte und ist dadurch weniger verschleißanfällig. Sägt man dagegen einmal mit dem Sägewerkzeug in Metall, z.B. Implantat oder Führungslineal, so macht sich der Verschleiß deutlich bemerkbar /58/.

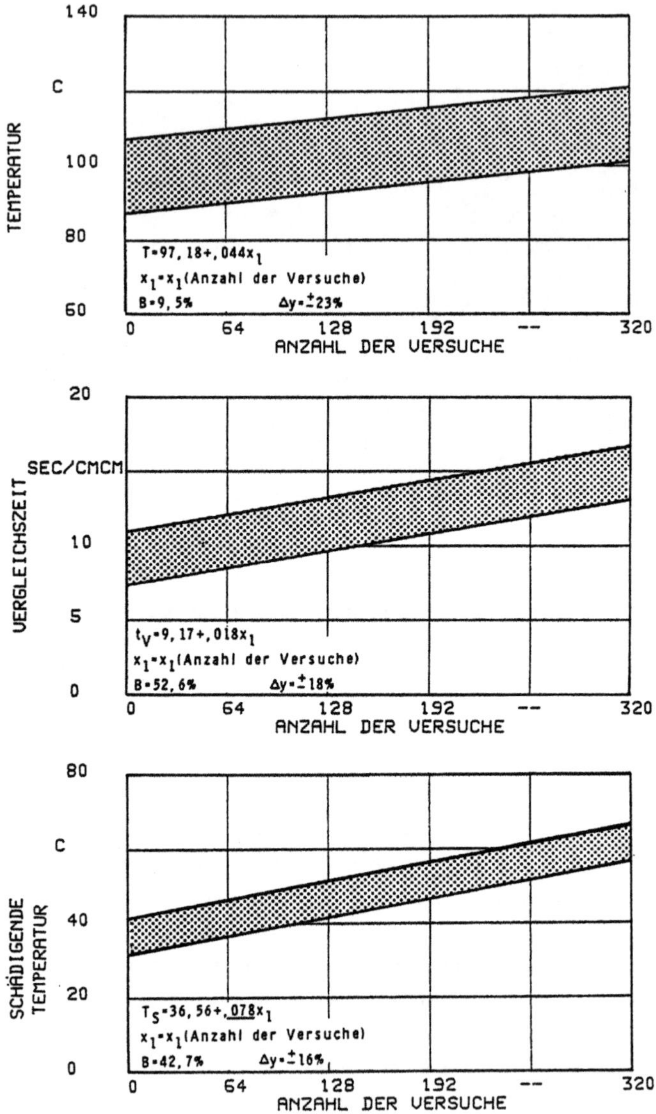

oszillierende Tiefensäge 1

b	γ_0	α_0	V_{Zl}
0,8 mm	-22,5°	67,5°	0,62 mm³

F_f = 10 N

n = 10 000 U/min

Bild 8.26 Temperatur, Vergleichszeit und schädigende Temperatur als Funktion von der Anzahl der Versuche beim Sägen

8.4.2. Oberflächenqualität beim Sägen

8.4.2.1. Maß- und Formgenauigkeit

Die Maßgenauigkeit des Sägespaltes hat kaum einen Einfluß auf den Heilprozeß. Ein wichtiges Kriterium stellt dagegen die Formgenauigkeit infolge des Verlaufens dar. Dadurch kann nämlich die gewünschte Korrektur um einen bestimmten Winkel in Frage gestellt sein. Genaue Untersuchungen werden darüber nicht angestellt. Aufgrund der Beobachtungen läßt sich folgende Aussage treffen: die Tiefensäge weicht nur härteren Stellen im Knochen aus, während die Stichsägen bereits beim Sägeeintritt von der vorgegebenen Schnittrichtung abweichen.

8.4.2.2. Oberflächengestalt beim Sägen

In diesem Abschnitt soll die Oberflächenausbildung dargestellt werden, wie sie beim Sägen von Knochen entsteht und wie sie von verschiedenen Parametern beeinflußt wird. Bild 8.27 zeigt eine entsprechende Oberfläche, auf der deutlich zwei Kämme zu erkennen sind, die in Vorschubrichtung verlaufen. Diese Kämme oder Grate können durch eine Schwingungsanregung des Sägeblattes am Knochenrand durch die Schränkung entstehen.

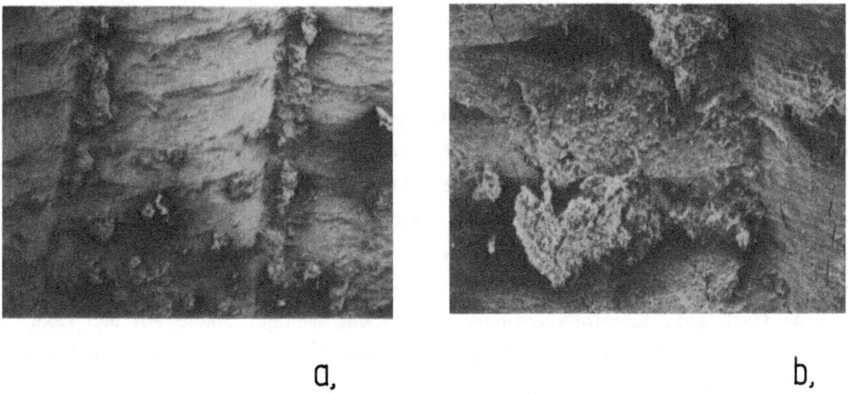

Bild 8.27 Oberfläche beim Sägen mit der Tiefensäge
a) V = 26 b) V = 104

Auch in Schnittrichtung sind Kämme zu erkennen. Diese Stufen bilden sich aus dem Vorschub des Werkzeuges. Durch die Schränkung wird die Schnittbreite größer als die Sägeblattdicke. Durch den Vorschub bildet sich die Zahnspitze genau ab. In den Ausbuchtungen und an den Kämmen lagern sich viele Späne ab. Dies sind sehr feine, staubartige Späne, wie sie in der Ausschnittsvergrößerung (b) gut zu erkennen sind. Die Späne liegen vereinzelt oder in größeren Ansammlungen zusammengebacken auf der Oberfläche. Sie sind fest mit der Oberfläche verbunden, weil sie sich trotz intensiver Reinigung im Ultraschallbad nicht lösten. Auf der Knochenoberfläche finden sich Risse in Vorschubrichtung. Die Herkunft dieser Risse kann nicht eindeutig geklärt werden, weil mehrere Ursachen für ihre Entstehung vorhanden sind. Wie aber später noch gezeigt wird, treten bei verschiedenen Bearbeitungsfällen tiefe Risse und Zerklüftungen im Knochen auf. Die natürlich vorhandenen Versorgungskanäle im Knochen sind auch hier von der Bearbeitung zugeschmiert.

Bei der Betrachtung dieser Bilder muß die Art der Versuchsdurchführung mitberücksichtigt werden. Nach Ausführung des Sägeschnittes wurde die Säge mit laufendem Antrieb aus dem Sägespalt herausgezogen. Dies entspricht nicht immer der Situation im Operationssaal, wo größtenteils Keile aus dem Knochen herausgesägt werden. Wird die Säge nicht mit laufendem Antrieb aus dem Sägespalt gezogen, findet sich eine mehr oder weniger dicke Schicht von Spänen auf der Oberfläche, die an manchen Stellen abgeplatzt ist. Die Späne beim Sägen füllen teilweise den Raum zwischen Sägeblattrücken und Knochen aus und werden so fest auf die Oberfläche gepreßt. Beim Zurückfahren der Säge werden diese Späneansammlungen abgespant.

Die Ausbildung der Oberfläche bei den verschiedenen untersuchten Sägewerkzeugen zeigt Bild 8.28. Als meßtechnischen Vergleich zu den Oberflächenaufnahmen sind jeweils die entsprechenden Oberflächenschriebe mit dem Perth-O-Meter dazugestellt. Anhand dieser Gegenüberstellung wird klar, daß mit den Stichsägen die glatteren Oberflächen erzielt werden. Mit diesen Werkzeugen treten die Kämme in Vorschubrichtung und die Stufen in Schnittrichtung nicht so stark auf. Ebenfalls befinden sich etwas weniger Späne auf den Oberflächen. Zu demselben Ergebnis führt der meßtechnische Vergleich. Die Rauhtiefenwerte liegen bei der oscillierenden Tiefensäge um das ca. 3-fache höher als bei der Stichsäge. Vergleicht man allein die Stichsägen, so liefert Stichsäge 1 die glattesten Oberflächen.

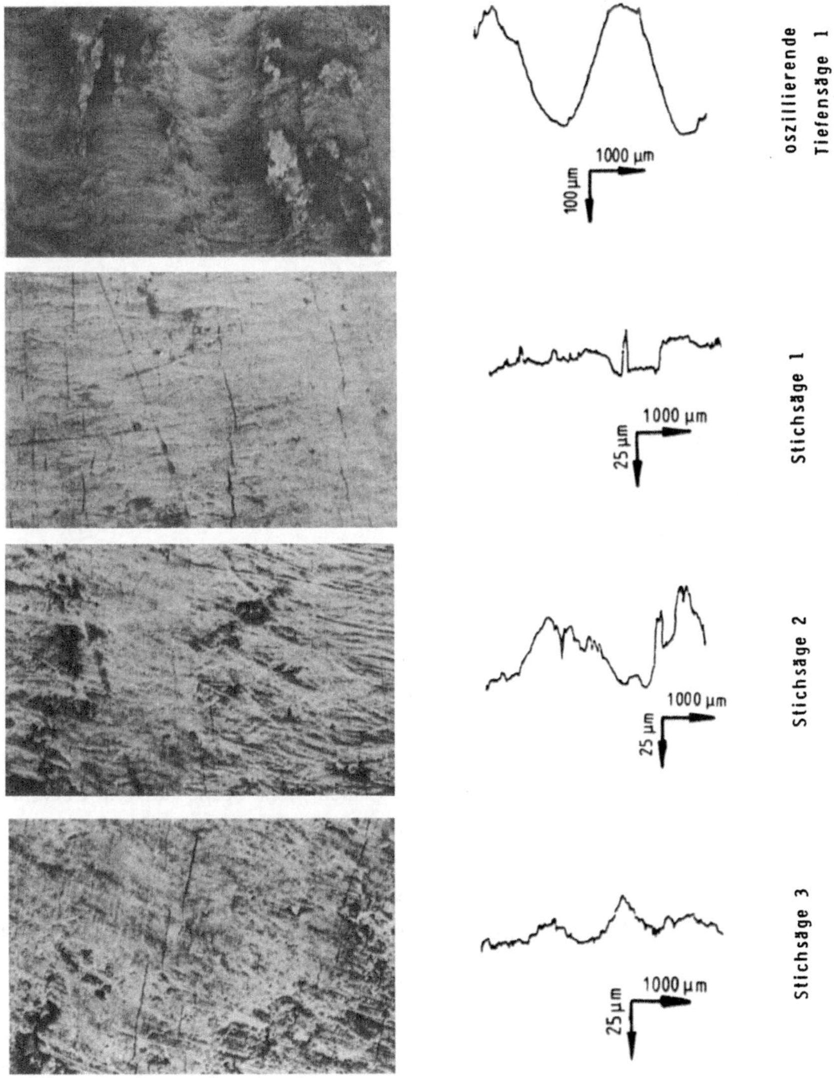

Schnittbedingungen:
n = 10 000 U/min v_c = 109 m/min F_f = 6 N

Bild 8.28 Oberflächenaufnahmen und Oberflächenschriebe bei verschiedenen Sägewerkzeugen (V = 24)

Bei der Untersuchung des Einflußes der Schnittbedingungen auf die Oberflächenausbildung läßt sich folgendes feststellen:

- Mit zunehmender Schnittgeschwindigkeit nimmt die Rauheit ab (Bild 8.29). Am stärksten treten die Kämme bei kleinen Schnittgeschwindigkeiten auf.

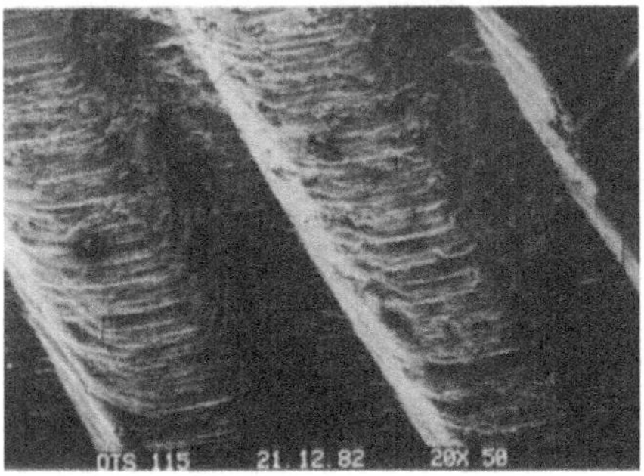

a,

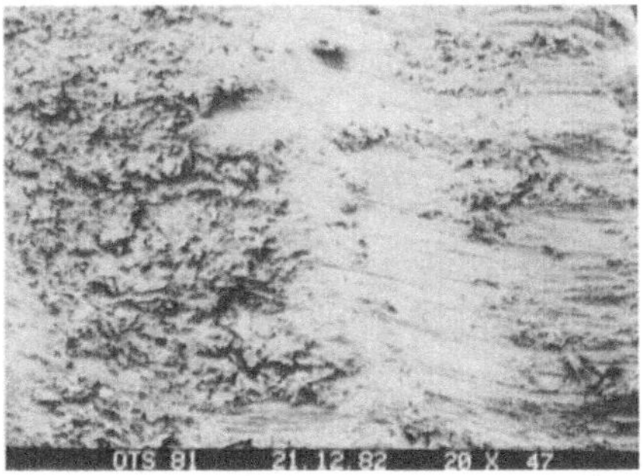

b,

Bild 8.29 Einfluß der Schnittgeschwindigkeit auf die Oberfläche beim Sägen mit der oszillierenden Tiefensäge (V = 20)
a) v_c = 27 m/min b) v_c = 164 m/min

- Mit steigender Schnittgeschwindigkeit werden die Ausbuchtungen flacher und die Kämme schmaler.

- Bei höheren Schnittgeschwindigkeiten kann man mehr Späne auf der Oberfläche feststellen.

- Die Rauhtiefe nimmt mit steigender Vorschubkraft zu. Bei hohen Vorschubkräften treten tiefe, breite Vorschubriefen auf, in denen sich viele Späne ablagern.

- Die Kühlung zeigt einen erheblichen Einfluß auf die Oberfläche (Bild 8.30). Das durch den Sägespalt fließende Kühlmittel spült die gesamten Späne heraus. Es zeigt sich eine vollkommen glatte Oberfläche. Auf der Oberfläche können nur noch Kämme in Vorschubrichtung und sehr geringe Bearbeitungsriefen festgestellt werden.

- Der Werkzeugverschleiß zeigt keine signifikante Veränderung der Oberfläche.

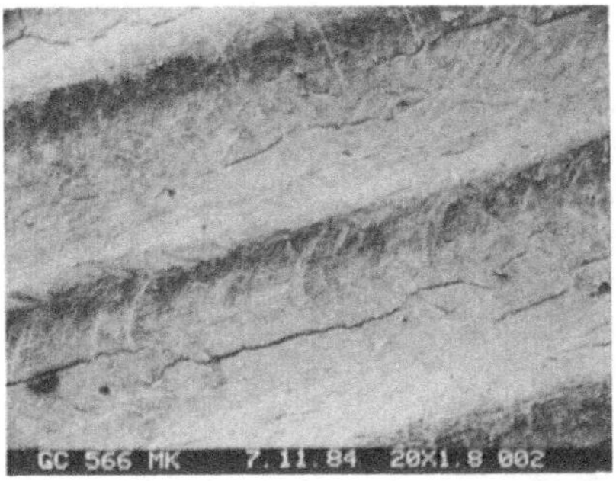

a,

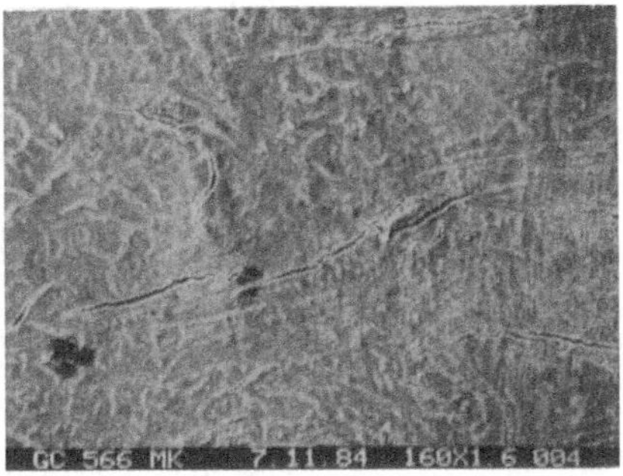

b,

Bild 8.30 Oberfläche beim Sägen mit Kühlung
a) V = 36 b) V = 256

8.4.2.3. Rauheitsmessungen am gesägten Knochen

Zur weiteren Beurteilung der gesägten Knochenoberflächen werden Rauheitsmessungen durchgeführt. Mit diesen Messungen soll eine meßtechnische Trendaussage über die Oberflächenbeschaffenheit und ein Vergleich mit den Oberflächenaufnahmen ermöglicht werden. Als Meßgröße für die Rauheit wird die gemittelte Rauhtiefe R_Z verwendet. In Bild 8.31 ist die Rauhtiefe R_Z in Abhängigkeit von den Schnittbedingungen bei der oscillierenden Tiefensäge aufgezeichnet. Die gemittelte Rauhtiefe R_Z besitzt eine lineare Abhängigkeit von den Schnittbedingungen. Sie nimmt mit steigender Schnittgeschwindigkeit und abnehmender Vorschubkraft ab. Der lineare Einfluß der Vorschubkraft ist signifikant und überwiegt dem der Schnittgeschwindigkeit. Diese Messung bestätigt die Beobachtungen aus den Oberflächenaufnahmen. Das Abflachen der Kämme mit steigender Schnittgeschwindigkeit und das ausgeprägtere Auftreten von Vorschubriefen mit größeren Späneansammlungen sind die Ursachen für die Rauheitsänderungen. Die hier aufgetragene Rauhtiefe R_Z wurde in Schnittrichtung gemessen.

In Bild 8.32 ist die gemittelte Rauhtiefe R_Z in Abhängigkeit von den Schnittbedingungen bei zwei unterschiedlichen Stichsägen dargestellt. Die Abhängig-

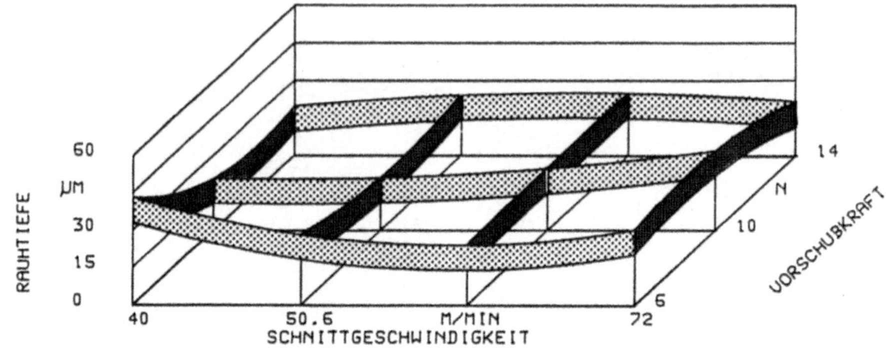

oszillierende Tiefensäge 1

b	γ_0	α_0	V_{ZL}
0,8 mm	-22,5°	67,5°	0,62 mm³

Bild 8.31 Rauhtiefe R_Z in Abhängigkeit von den Schnittbedingungen bei der Tiefensäge

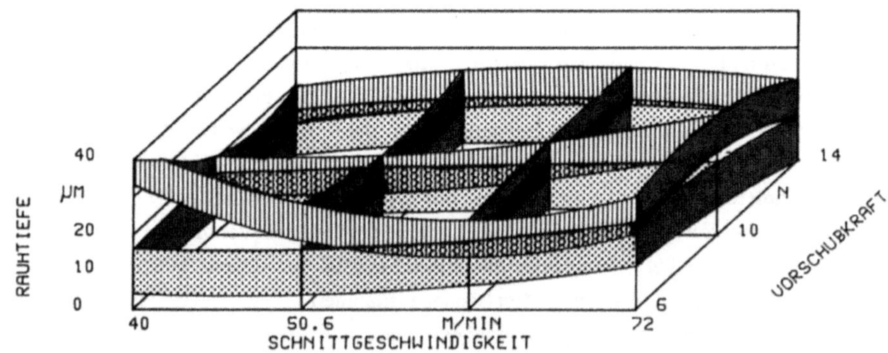

Stichsäge 1

b	γ_0	α_0	V_{ZL}
1,2 mm	-22,5°	67,5°	1,04 mm³

Stichsäge 3

b	γ_0	α_0	V_{ZL}
0,8mm	-22,5°	67,5°	0,7 mm³

Bild 8.32 Rauhtiefe R_Z in Abhängigkeit von den Schnittbedingungen und der Sägeblattbreite

keit der Rauhtiefe von den Schnittbedingungen bei den Stichsägen zeigt ein ähnliches Verhalten wie bei der Tiefensäge. Die gemittelte Rauhtiefe nimmt mit steigender Schnittgeschwindigkeit ab, der Einfluß der Vorschubkraft dagegen ist weniger stark. Der Unterschied der beiden Kurven zeigt den Einfluß der Schnittbreite. Die Rauhtiefenwerte der größeren Schnittbreite liegen über den gesamten Schnittbereich oberhalb der der vergleichbaren Säge. Das größere Spanvolumen und damit die größere anfallende Spanmenge belasten den Zerspanprozeß hinsichtlich der Oberflächenausbildung negativ.

Das nächste Bild (Bild 8.33) zeigt den Einfluß des Spanwinkels. Mit der Säge mit dem größeren negativem Spanwinkel werden rauhere Oberflächen erzeugt. Diese ermittelte Kurve der gemittelten Rauhtiefe R_Z liegt fast über dem gesamten untersuchten Schnittbereich oberhalb der vergleichbaren Säge. Dieses Ergebnis bestätigt die Beobachtungen aus den Oberflächenaufnahmen. Die Stichsäge mit den günstigeren Schnitteigenschaften erzeugt auch die besseren Oberflächen.

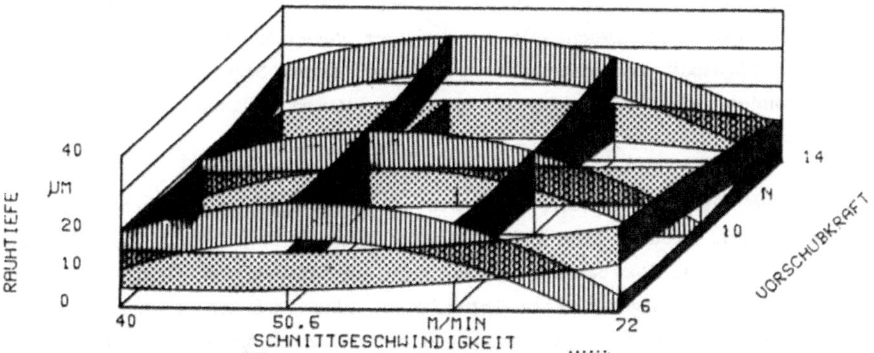

Stichsäge 2

b	γ_0	α_0	V_{ZL}
0,8 mm	-30^0	60^0	0,54 mm^3

Stichsäge 3

b	γ_0	α_0	V_{ZL}
0,8 mm	$-22,5^0$	$67,5^0$	0,7 mm^3

Bild 8.33 Rauhtiefe R_Z in Abhängigkeit von den Schnittbedingungen und dem Spanwinkel

8.4.3. Zusammenfassung der Ergebnisse von der spanenden Bearbeitung mit Sägewerkzeugen

Die Untersuchung der spanenden Knochenbearbeitung mit Sägewerkzeugen hat das Ziel genauere Erkenntnisse über dieses Bearbeitungsverfahren zu erhalten und um daraus Verbesserungen herzuleiten, die den Heilvorgang begünstigen. Es werden einige derzeit in der Medizin übliche Sägewerkzeuge hinsichtlich der Schneidengeometrie und der Einsatzbedingungen untersucht. Zusammenfassend lassen sich folgende Ergebnisse angeben.

In der Schneidengeometrie unterscheiden sich die einzelnen Werkzeuge nur geringfügig. Aus diesem Grunde ergeben sich hinsichtlich der untersuchten Einflußfaktoren der Geometrie nicht immer signifikante Aufschlüße. Es können aber tendentielle Unterschiede herausgestellt werden. Dünnere Sägewerkzeuge sind vom Operateur leichter zu handhaben. Mit denen kann mit niedrigerem Kraftaufwand gearbeitet und der Knochen schneller durchtrennt werden. Durch die schlechte Wärmeleitung des Knochens treten dadurch auch niedrigere Temperaturen auf. Der Nachteil dieser dünneren Werkzeuge liegt in der geringen Biegesteifigkeit. Sie weichen leicht aus ihrer Vorschubrichtung aus und können sich im Sägespalt verwinden. Für gerade und ebene Sägeschnitte, die für die Osteotomien unter vorgegebenen Winkeln verlaufen müssen, ist dies weniger von Vorteil.

Durch die Untersuchung der Geometrie des Sägezahnes kann folgende Tendenz herausgestellt werden. Der kleine negative Spanwinkel (= $-22,5^{\circ}$) ist günstiger für die spanende Bearbeitung. Diese Säge durchtrennt den Knochen schneller und mit einer geringeren Wärmeentwicklung. Eine Veränderung des Spanwinkels in positiver Richtung bringt hinsichtlich dieser Gesichtspunkte weitere Verbesserungen. Dadurch erhält aber die Säge ein agressiveres Schneidverhalten. Es wird sich dadurch eine Verschlechterung in der Handhabung für den Operateur einstellen, welches aber erst noch durch weitere Untersuchungen ermittelt werden muß. Der größere Nachteil liegt in der Vergrößerung der Gefahr für eine Weichteilverletzung. Die derzeitigen Sägewerkzeuge mit den negativen Spanwinkeln durchtrennen nicht das umliegende Gewebe des Knochens. denn diese Sägezähne verdrängen das Gewebe um den Betrag des Sägehubes und durchtrennen es nicht. Ein Sägezahn mit positivem Spanwinkel würde im Weichteilgewebe einhaken und es durchschneiden.

Durch die Untersuchung der Einsatzbedingungen kommt es zu Ergebnissen, die eine verbesserte Handhabung der Werkzeuge zur Folge haben. Die Schnittgeschwindigkeit beeinflußt zwar nur in geringem Maße die Temperatur und schädigende Temperatur. Durch eine Schnittgeschwindigkeit von 80 - 120 m/min läßt sich aber die Vergleichszeit optimieren, so daß durch die Schnittgeschwindigkeit ein günstigerer Sägevorgang erreicht wird. Bei der Betrachtung des Einflusses der Vorschubkraft ergibt sich ähnliches. Durch eine Erhöhung der Vorschubkraft läßt sich die Temperatur nur wenig, aber ihre Einwirkzeit in Form der Schnittzeit stark verbessern. Wird aber eine für das Sägen zu hohe Vorschubkraft gewählt, ergibt sich wiederum eine Verschlechterung. So kann der Sägeprozeß nur bei einer geeigneten Vorschubkraft optimiert werden.

Bei der Betrachtung des Einflusses eines Kühlmittels, einer physiologischen Kochsalzlösung, kommt ein ungewöhnlicher Effekt zutage. Beim Sägen füllen sich die Zahnlückenräume mit sehr feinen Knochenspänen, die diese zusetzen und den weiteren Sägevorgang behindern. Erst wenn sich die Zahnlückenräume wieder selbst gereinigt haben, arbeitet das Sägewerkzeug weiter. So kommt es bei den Versuchen öfter zu Verzögerungen im Vorschub. Dieser Effekt tritt beim Einsatz von Kühlmitteln verstärkt und ausgeprägter auf. So kommt es sogar zu einer erheblichen Behinderung des Sägevorganges im Vergleich zu den Versuchen ohne Kühlung. Die Verringerung der Temperatur infolge des Kühlmittels hebt sich also durch eine Behinderung und Verschlechterung der Schnittzeit teilweise wieder auf.

Durch die Untersuchung des Einflusses des Werkzeugverschleisses läßt sich feststellen, daß die verwendeten Sägewerkzeuge relativ verschleißarm sind. Es ergibt sich zwar eine kontinuierliche Verschlechterung des Sägevorganges, aber sie wirkt sich angesichts der großen Zahl der Versuche kaum aus. Trotzdem sollten nur bis zu 150 Sägeschnitte mit einem Werkzeug durchgeführt werden. Vergleicht man diese Untersuchung mit der Betrachtung des Verschleißverhaltens von Spiralbohrern, so kann man erkennen, daß das bessere Verschleißverhalten der Sägewerkzeuge aus dem großen negativen Spanwinkel resultiert.

Die Untersuchung der Oberflächenqualität beim Sägen erbringt interessante Ergebnisse. Es zeigen sich stark wellig ausgebildete Oberflächen. Die Kämme, die in Vorschubrichtung verlaufen, besitzen genau den Abstand der Zahnteilung. Diese Kämme entstehen durch die Auslenkung der Zähne beim Zahneintritt. Die Zähne werden nämlich beim Zahneintritt durch ihre Schränkung ausgelenkt. Die Späne die bei der Zerspanung anfallen, werden entweder seitlich aus dem Knochen herausgeschleudert oder zwischen Sägeblattrücken und Knochen gedrückt. Durch den hohen Druck können sie mit dem Knochen stark verkleben. Da bei der Zerspanung die Späne sehr warm werden, bilden sie ein avitales Gewebe und die auf der zerspanten Oberfläche verbliebenen Späne stellen eine Infektionsgefahr dar.

Die Oberflächengüte wird von verschiedenen Faktoren beeinflußt. Die Werkzeuggeometrie besitzt nur einen geringen Einfluß. Das dünnere Sägeblatt und der kleinere negative Spanwinkel ergeben kleinere Rauhtiefen. Der größte Unterschied liegt in der Art des Werkzeuges. Die Stichsägeblätter erzielen glattere Oberflächen. Die Oberflächen bei der Tiefensäge sind sehr stark gewellt und die Rauhtiefenwerte liegen um etwa das doppelte höher. Die Untersuchung der Einsatzbedingungen lassen folgenden Schluß zu. Mit steigender Schnittgeschwindigkeit und kleinen Vorschubkräften werden die Oberflächen glatter. Bei Einsatz einer Kühlflüssigkeit werden die anfallenden Späne aus dem Sägespalt herausgespült. Es ergeben sich glatte, gleichsam polierte Oberflächen, bei denen aber die Welligkeit durch die Schränkung erhalten bleibt.

8.5. Ergebnisse bei der spanenden Bearbeitung mit Kugelkopf-Werkzeugen

8.5.1. Allgemeines

Kugelförmige Fräswerkzeuge - Rosenbohrer, Kugelfräser und Diamantbohrer - sind universell einsetzbare Werkzeuge. Der Diamantbohrer ist gemäß seines Aufbaues in Wirklichkeit ein Schleifwerkzeug. Aber da er in seiner Form den beiden anderen Werkzeugen ähnlich ist und von Medizinern zu den gleichen Aufgaben eingesetzt wird, soll der Diamantbohrer hier zusammen mit den Fräswerkzeugen untersucht werden.

Mit diesen Werkzeugen werden in der Medizin hochgenaue Bohrlöcher gefertigt und Knochenpartien abgetragen. So führt man mit diesen Werkzeugen Bohr- und Fräsaufgaben aus (s. Abschn. 2). Entsprechend sollen hier in diesem Abschnitt die Ergebnisse mit kugelförmigen Fräswerkzeugen beim Bohren und Fräsen näher dargestellt werden. Da auf diesem Gebiet kaum Untersuchungen vorliegen, wird das Verhalten dieser Werkzeuge, wie sie derzeitig in der Medizin eingesetzt werden, untersucht. Als Beurteilungsgrößen werden Temperatur, Vergleichszeit und schädigende Temperatur ausgewählt, in gleicher Weise wie in den vorhergehenden Abschnitten.

8.5.2. Bohren mit Kugelkopf-Werkzeugen

8.5.2.1. Thermisches Verhalten beim Bohren mit Kugelkopf-Werkzeugen

Zuerst soll das Bohren mit diesen Werkzeugen näher betrachtet werden. In Bild 8.34 ist die Temperatur, die Vergleichszeit und die schädigende Temperatur beim Bohren mit dem Rosenbohrer dargestellt. Die Schnittgeschwindigkeit hat einen weniger abgesicherten Einfluß auf die Temperatur. Die Koeffizienten besitzen alle ein Signifikanzniveau kleiner 95%. Die Regressionsgleichung besitzt einen größeren positiven linearen Koeffizienten, der den Temperaturanstieg bei steigender Schnittgeschwindigkeit beschreibt. Die Temperatur steigt aber nur im unteren Schnittgeschwindigkeitsbereich linear auf ein Temperaturniveau von ca. 75 °C an. Auf diesem Niveau verharrt sie über den weiteren untersuchten Bereich und schwankt innerhalb ihres Streubereiches. Dies ist folgendermaßen erklärbar. Nach den Grundgesetzen der Zerspanungstechnologie wird mit steigender Schnittgeschwindigkeit und mit gleichbleibender Vorschubge-

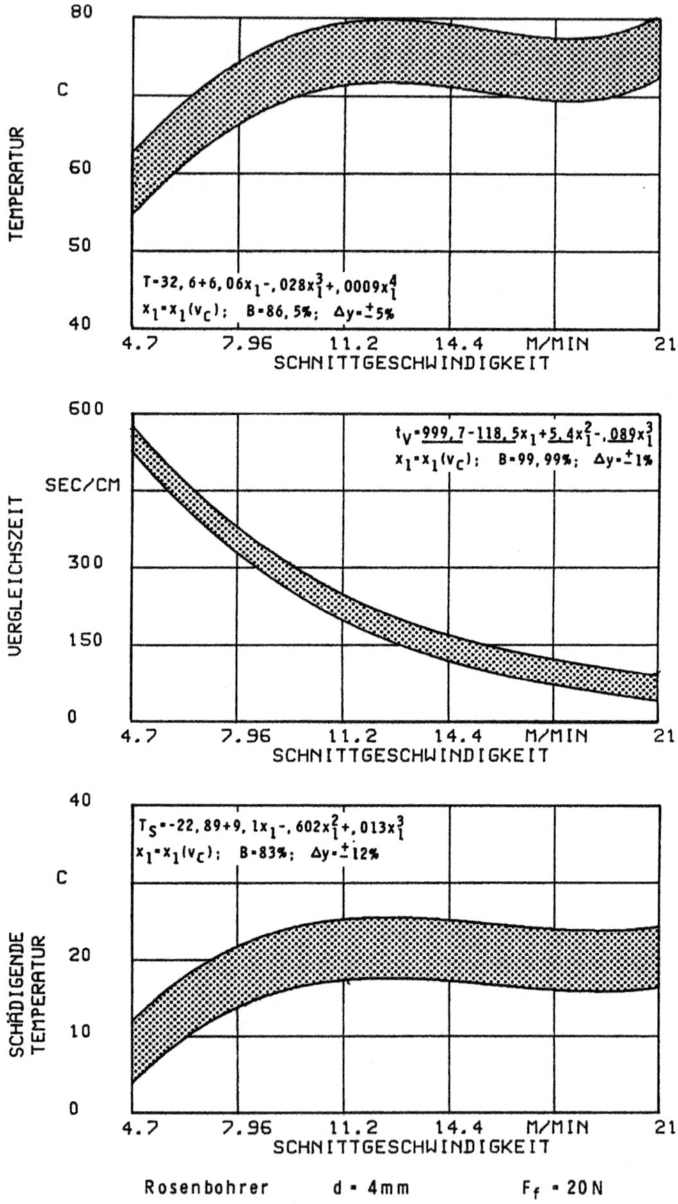

Bild 8.34 Temperatur, Vergleichszeit und schädigende Temperatur als Funktion von der Schnittgeschwindigkeit beim Bohren mit Rosenbohrern

schwindigkeit mehr Energie in den Zerspanprozeß eingebracht, welches zu einer Temperaturerhöhung führt. Bei diesen Werkzeugen kann bei kleinen Schnittgeschwindigkeiten nur ein sehr kleiner Vorschub erzielt werden. Das Fertigen einer Bohrung dauert dadurch überaus lange und die Temperatur erreicht nicht so hohe Werte.

Wie sich die Schnittgeschwindigkeit auf den Bohrfortschritt auswirkt, zeigt das Vergleichszeitdiagramm. Die Vergleichszeit wird hochsignifikant von der Schnittgeschwindigkeit beeinflußt. Sie fällt sehr stark mit der Schnittgeschwindigkeit ab und geht im oberen Bereich allmählich in eine horizontale Gerade über. Die Kurve wird sehr gut mit der angegebenen Regressionsgleichung beschrieben. Der große negative Koeffizient gibt das Fallen der Kurve und die Glieder höherer Ordnung das Abflachen an. Die schädigende Temperatur verhält sich ähnlich der Temperatur. Sie wird nicht signifikant von der Schnittgeschwindigkeit beschrieben. Es zeigt sich auch bei der schädigenden Temperatur ein Schwanken im Streubereich.

Als nächstes wird die Abhängigkeit von der Vorschubkraft betrachtet. Im Bild 8.35 sind die Beurteilungskriterien als Funktion von der Vorschubkraft beim Bohren mit Rosenbohrern aufgezeichnet. Auch bei dieser Einsatzbedingung ergibt sich kein signifikanter Einfluß auf die Temperatur und die schädigende Temperatur. Das Bestimmtheitsmaß der Regressionsgleichung läßt auf eine geringe Abhängigkeit dieser Beurteilungskriterien von der Vorschubkraft schließen. Auch besitzen die Regressionskoeffizienten ein Signifikanzniveau kleiner 95%. Die Gleichungen beinhalten einen größeren positiven linearen Koeffizienten, welcher den Trend einer Temperatursteigung mit zunehmender Vorschubkraft angibt. Aber der negative Koeffizient des quadratischen Gliedes wirkt diesem Trend entgegen. Die Kurven schwanken in einem bestimmten Streubereich mit leicht positiver Gesamtsteigung.

Die Vergleichszeit dagegen wird sehr gut und signifikant von der Regressionsgleichung beschrieben. Die Gleichung besitzt einen großen negativen linearen Koeffizienten, der das Abfallen der Vergleichszeit mit steigender Vorschubkraft angibt. Der positive Koeffizient dritter Ordnung zeigt, daß sich dieser Trend im oberen Bereich wieder umkehrt und die Vergleichszeit zunimmt. Die Kurve besitzt also ein Minimum. Bis zum Minimum fällt die Vergleichszeitkurve steil ab. Der Rosenbohrer dringt mit steigender Vorschubkraft leicht ein. Ab einer bestimmten Vorschubkraft wird aber der Vorschub zu hoch, so daß der Span-

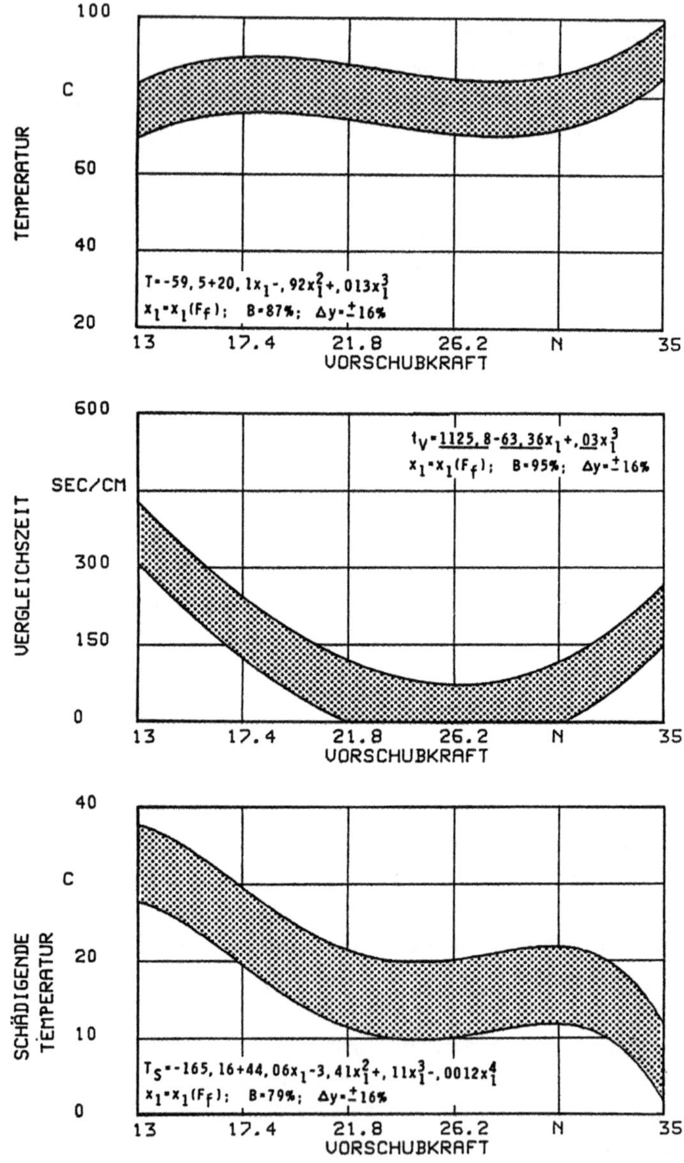

Rosenbohrer d = 4mm n = 1500 U/min

Bild 8.35 Temperatur, Vergleichszeit und schädigende Temperatur als Funktion von der Vorschubkraft beim Bohren mit Rosenbohrern

raum des Rosenbohrers das anfallende Spanvolumen nicht aufnehmen und von der Zerspanstelle wegbefördern kann. Es tritt eine Behinderung der Spanabnahme ein.

Im Bild 8.36 folgt eine Gegenüberstellung der verschiedenen untersuchten Werkzeugdurchmesser des Rosenbohrers. Es sind die Beurteilungskriterien, Temperatur, Vergleichszeit und schädigende Temperatur als Funktion von der auf die Kreisfläche bezogenen Flächenpressung angegeben, die sich aus der Vorschubkraft ergibt. Die Temperatur zeigt bei allen vier Durchmessern die gleiche Tendenz, sie nimmt mit der Vorschubkraft zu. Ein erheblicher Unterschied ergibt sich im Temperaturniveau. Die Temperatur fällt mit steigendem Durchmesser auf ein Minimum ab und steigt danach wieder stark an. Die gleiche Abhängigkeit tritt bei den benötigten Vorschubkräften auf, um überhaupt ein Arbeiten zu ermöglichen. Der kleinste untersuchte Werkzeugdurchmesser von 1,4 mm dieser Rosenbohrer benötigt hohe Vorschubkräfte zum Arbeiten. Deshalb neigt er stark zum Verlaufen. Mit steigendem Durchmesser sinkt das nötige Vorschubkraftniveau auf ein Minimum ab. Beim größten untersuchten Durchmesser von 6 mm steigt es wieder an. Dieser Rosenbohrer besitzt eine ungünstige Schneidenform für die Bohrbearbeitung. In seiner Drehachse laufen alle Schneiden zu einem toten Punkt zusammen. Dadurch kann dort keine Spanabnahme erfolgen. Ein weiterer Gesichtspunkt für die höheren nötigen Vorschubkräfte liegt im Zerspanvolumen, das für diesen Rosenbohrer und seinem Spanraum zu hoch ist. Wegen der schlechten Spanabfuhr treten die höheren Temperaturen und die höheren nötigen Vorschubkräfte auf. Die Temperaturabhängigkeit vom Werkzeugdurchmesser ist ähnlich der Abhängigkeit der benötigten Vorschubkräfte.

Dies wird auch bei der Betrachtung der Vergleichszeit ersichtlich, die in gleicher Weise vom Werkzeugdurchmesser abhängt. Trotz höherer Vorschubdrücke treten bei den entsprechenden Durchmessern keine kürzeren Schnittzeiten auf. In Abhängigkeit von der Vorschubkraft nimmt die Vergleichszeit stark mit deren Ansteigen ab. Der Zerspanvorgang läßt sich durch eine Vorschubkraftsteigerung bei einem Werkzeug verbessern. Für die verschiedenen Werkzeugdurchmesser werden unterschiedliche spezifische Vorschubkräfte benötigt. Die Rosenbohrer sind je nach Durchmesser unterschiedlich gestaltet. Die Gestaltung besitzt aufgrund dieses Diagramms einen Einfluß.

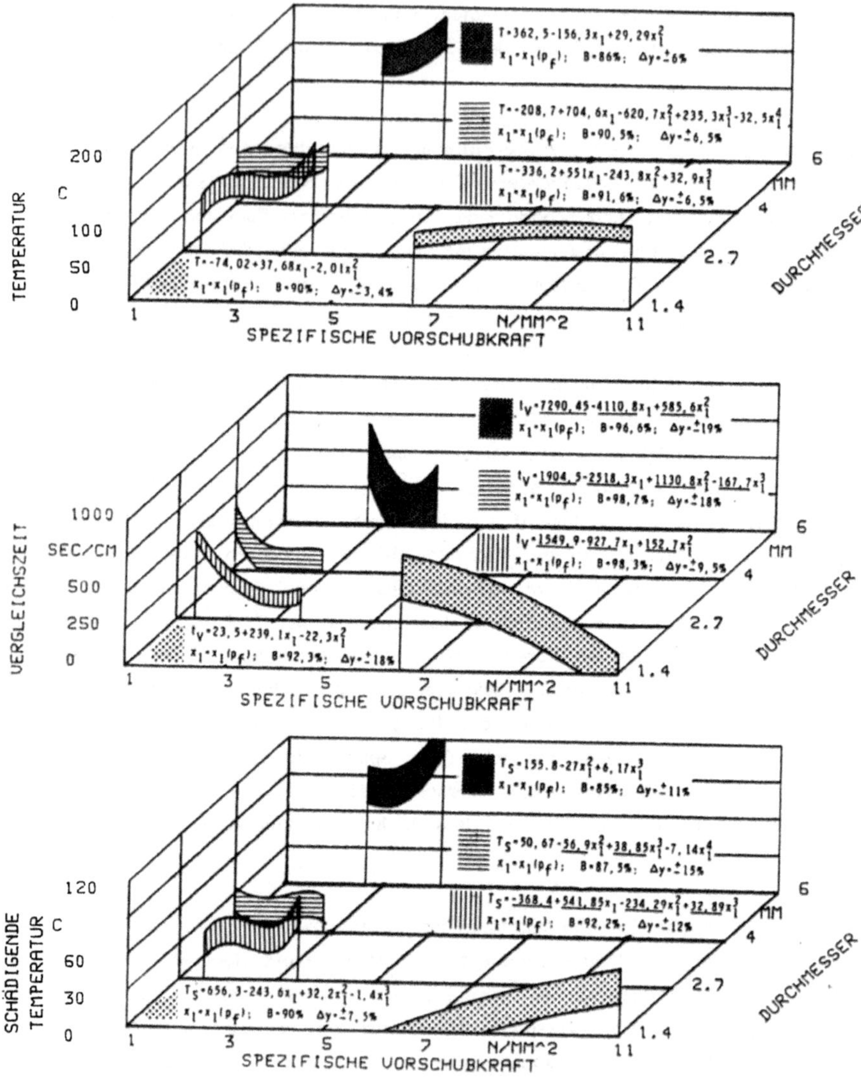

Rosenbohrer n = 1500 U/min

Bild 8.36 Einfluß des Durchmessers vom Rosenbohrer auf Temperatur, Vergleichszeit und schädigende Temperatur

Die Betrachtung der schädigenden Temperatur zeigt die gleiche Abhängigkeit wie die Temperatur. Bei den Rosenbohrern mittleren Durchmessers, die sich nicht zu stark verbiegen und bei denen das Spanvolumen in keinem zu krassem Verhältnis zum Spanraum des Werkzeuges steht, treten die günstigeren thermischen Verhältnisse auf.

8.5.2.2. Vergleich der verschiedenen Kugelkopf-Werkzeuge

Im Bild 8.37 werden die drei untersuchten Kugelkopf-Werkzeuge, Rosenbohrer (1), Kugelfräser (2) und Diamantbohrer (3) miteinander verglichen. Dort ist die Abhängigkeit von der Vorschubkraft aufgezeichnet. Die Temperatur zeigt beim Rosenbohrer (1) und Kugelfräser (2) ein ähnliches Verhalten. Bei diesen beiden Werkzeugen zeigt sich eine Temperaturabhängigkeit dritter Ordnung. Mit steigender Vorschubkraft nimmt die Temperatur leicht ab, um dann wieder anzusteigen. Bei höheren Vorschubkräften stellen sich kürzere Bohrzeiten ein. Es muß aber das anfallende Spanvolumen, das mit der Vorschubkraft zunimmt, aus dem Bohrloch heraustransportiert werden. Diese Werkzeuge besitzen nur einen kleinen Spanraum, so tritt eine Behinderung des Zerspanvorganges auf, wodurch die Temperatur ansteigt. Beim Diamantbohrer (3) zeigt sich eine quadratische Abhängigkeit. Dies hängt mit der Versuchsdurchführung zusammen. Beim Diamantbohrer werden hohe Vorschubkräfte benötigt, um einen Bohrvorgang zu ermöglichen. Bei der für den Diamantbohrer kleinen Vorschubkraft von 40 N tritt nur ein sehr geringer Vorschub ein. Aber erst bei der hohen Vorschubkraft von 60 N stellt sich ein brauchbarer Vorschub ein bei fallender Temperaturtendenz, so daß anzunehmen ist, daß sich dieser Trend bei weiter steigender Vorschubkraft umkehren wird ähnlich den beiden vergleichbaren Kugelwerkzeugen.

Ein erheblicher Unterschied besteht im Temperaturniveau der drei Werkzeuge. Die Temperaturen beim Kugelfräser und beim Diamantbohrer liegen etwa auf gleichem Niveau, das ca. 20 ^{o}C über dem des Rosenbohrers liegt. In gleicher Weise besteht ein Unterschied in der benötigten Vorschubkraft, um überhaupt ein Arbeiten zu ermöglichen. Für den Kugelfräser wird eine mehr als die doppelte und für den Diamantbohrer eine mehr als die dreifache Vorschubkraft wie für den Rosenbohrer benötigt.

Dieses unterschiedliche Schneidverhalten zeigt sich auch bei der Schnittzeit.

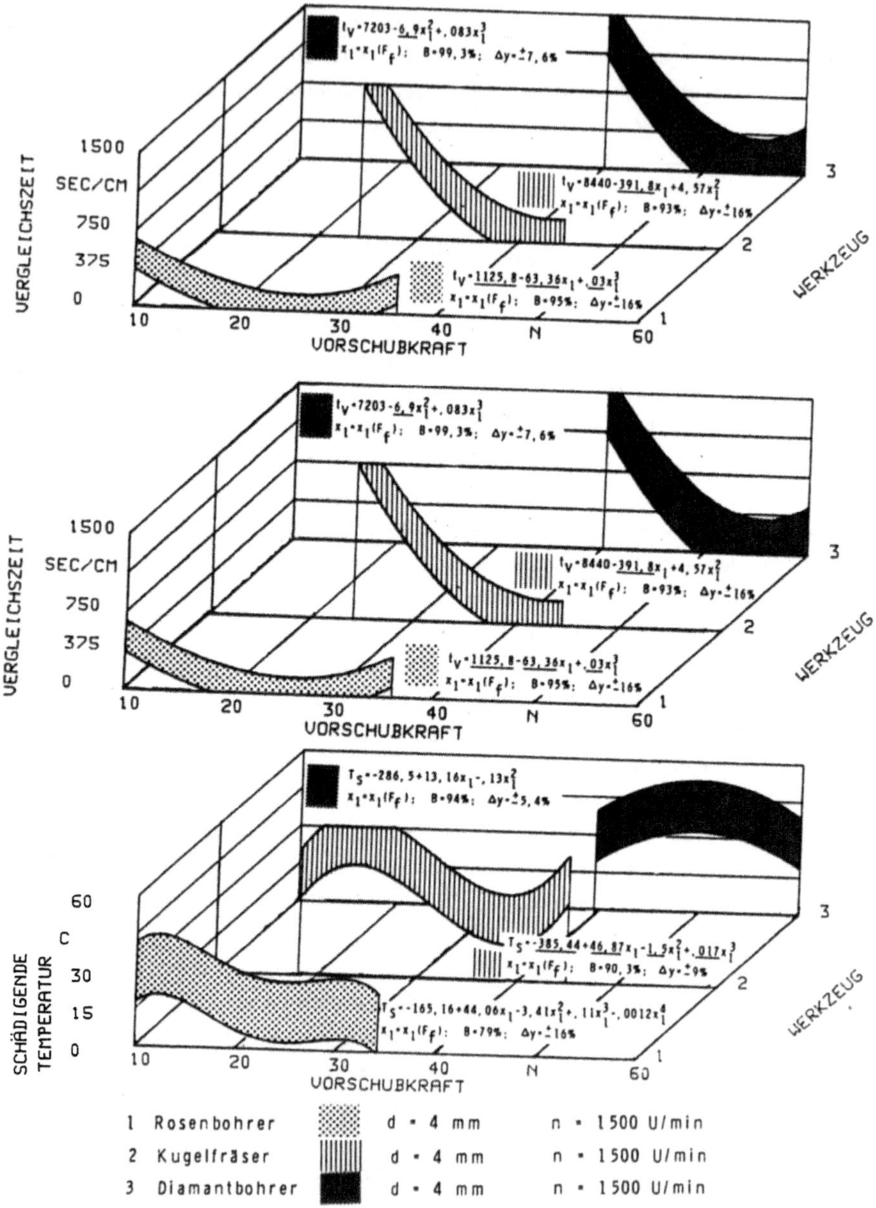

Bild 8.37 Temperatur, Vergleichszeit und schädigende Temperatur als Funktion von der Vorschubkraft beim Rosenbohrer, Kugelfräser und Diamantbohrer

Die unterschiedlichen Schnittzeitniveaus entsprechen denen der Temperatur und Vorschubkraft. Über die Vorschubkraft dagegen zeigt die Schnittzeit bei diesen Werkzeugen ein ähnliches Verhalten. Sie fällt mit steigender Vorschubkraft auf ein Minimum ab.

Auch bei Betrachtung der schädigenden Temperatur wird dieses Ergebnis klar. Über der Vorschubkraft zeigt sich die abnehmende Tendenz, die sich auch aus der Verkürzung der Bohrzeit ergibt. Bei weiterer Steigerung der Vorschubkraft kehrt sich aber dieser Trend um und es tritt eine Verschlechterung bzgl. der thermischen Belastung ein. Beim Rosenbohrer, der auch die niedrigsten Vorschubkräfte für eine Bearbeitung benötigt, tritt die kleinste schädigende Temperatur diese Vergleiches auf.

Diese vergleichende Untersuchung macht den Unterschied der einzelnen Werkzeuge deutlich. Der Rosenbohrer mit einem Durchmesser von 4 mm besitzt keinen toten Punkt, in dem seine Schneiden zusammenlaufen. Seine Schneiden enden in einer Querschneide ähnlich eines Spiralbohrers. Beim Kugelfräser dagegen laufen die Schneiden in einem toten Punkt zusammen. Der Diamantbohrer sogar besitzt durch seine Diamantsplitter keine geordneten Schneiden und kaum Spanräume zur Aufnahme der anfallenden Spanmenge. Aus diesem geometrischen Unterschied ergibt sich das unterschiedliche Schneidverhalten.

8.5.2.2. Oberflächengestalt beim Bohren mit Rosenbohrern

Als nächstes soll die Oberflächenausbildung beim Bohren mit Kugelkopf-Werkzeugen betrachtet werden. Das Bild 8.38 zeigt die verschiedenen Effekte, die beim Bohren mit Rosenbohrern auftreten. Am Beginn der Bohrung kann man Bearbeitungsriefen sehen, die ähnlich wie ein Gewinde über die Oberfläche laufen (untere Bildhälfte). Der Abstand dieser Kämme entspricht dem Vorschub des Werkzeuges. Diese Riefen entstehen ähnlich wie Interferenz-Streifen. Glatte Bereiche wechseln sich mit aus tiefen Längsriefen bestehende Bereiche in Vorschubrichtung ab. Diese eng nebeneinander liegenden Längsriefen entstehen durch eine höherfrequente Schwingung des Werkzeuges. Wie noch gezeigt wird, liegen die Schnittbedingungen für diese Probe in einem Gebiet zwischen nieder- und hochfrequenter Schwingung.

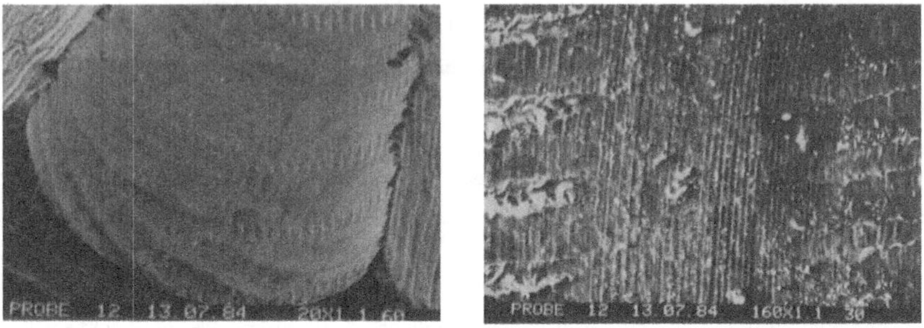

a, b,

Bild 8.38 Oberfläche beim Bohren mit Rosenbohrern
a) V = 22 b) V = 176

Die Ausschnittsvergrößerung (b) zeigt den Übergang einer rauhen Fläche zu einem glatten Bereich. Auf dem glatten Bereich finden sich nur wenige kleine Späne. Hier kann man aus den eng nebeneinanderliegenden Riefen den geringen Vorschub erkennen. Im rauhen Bereich finden sich in den tiefen Riefen etwas mehr Späne. In diesem Bereich ist das Knochengewebe zertrümmert. Auch beim Bohren mit Rosenbohrern ist die Knochenstruktur nicht erkennbar.

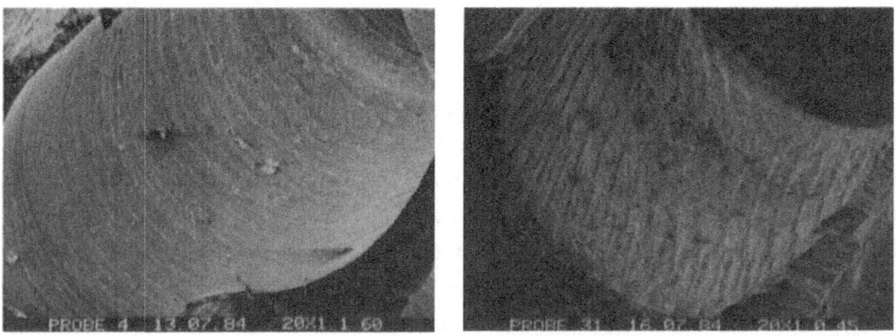

a, b,

Bild 8.39 Einfluß der Schnittgeschwindigkeit auf die Oberfläche beim Bohren mit Rosenbohrern (V = 22)
a) v_c = 31,4 m/min b) v_c = 188,4 m/min

Bei der Untersuchung des Einflußes der Schnittbedingungen auf die Oberflächengestalt ergibt sich eine interessante Abhängigkeit. Mit zunehmender Schnittgeschwindigkeit nimmt auch die Rauhtiefe der Oberfläche zu (Bild 8.39). Die Anfangs leichte Welligkeit wird immer ausgeprägter und geht dann in tiefe eng aneinanderliegende Riefen über, die bei einer weiteren Schnittgeschwindigkeitssteigerung in ihrer Intensität noch zunehmen. Entsprechend nehmen die Spanablagerungen auf der Knochenoberfläche zu. Der Einfluß der Vorschubkraft auf die Oberflächenausbildung ist von gleicher Art.

8.5.3. Fräsen mit Kugelkopf-Werkzeugen

8.5.3.1. Thermisches Verhalten beim Fräsen mit Rosenbohrern

Da diese Werkzeuge nicht nur zum Bohren eingesetzt werden, sondern auch zum Fräsen, soll dieses Bearbeitungsverfahren anhand des Rosenbohrers näher betrachtet werden. Fräsen heißt in diesem Falle, daß mit einer Vorschubrichtung senkrecht zur Drehachse gearbeitet wird. Beim Fräsen wird mit einer Zustellung gearbeitet, die dem halben Werkzeugdurchmesser entspricht. Ausgewertet werden die Ergebnisse in gleicher Weise wie oben.

In Bild 8.40 ist die Temperatur, die Vergleichszeit und die schädigende Temperatur als Funktion von der Schnittgeschwindigkeit beim Fräsen mit Rosenbohrern dargestellt. Die Ergebnisse der Temperatur lassen sich sehr gut und signifikant mit der Regressionsgleichung mit Gliedern bis dritter Ordnung beschreiben. Diese Gleichung gibt an, daß über den untersuchten Bereich mit steigender Schnittgeschwindigkeit die Temperatur ansteigt, danach ein Minimum bildet und bei weiterer Erhöhung wieder steigt.

Auch die Vergleichszeit ist signifikant von der Schnittgeschwindigkeit abhängig. Sie fällt bei deren Ansteigen fast linear ab. Nur ab der Schnittgeschwindigkeit von 28,3 m/min, die einer Drehzahl von 1500 U/min bei einem Rosenbohrer von 6 mm Durchmesser entspricht, steigt sie wieder etwas an. Bei dieser Antriebsdrehzahl zeigt sich ein instabiler Schnittprozeß. Dadurch schwingt das Werkzeug auf, der Schneidvorgang verlangsamt sich, die Temperatur steigt an und auf der Oberfläche bilden sich starke Ratterspuren. Im allgemeinen läßt sich aus den Versuchen erkennen, daß der Schneidvorgang sich bei höheren Schnittgeschwindigkeiten günstiger gestaltet.

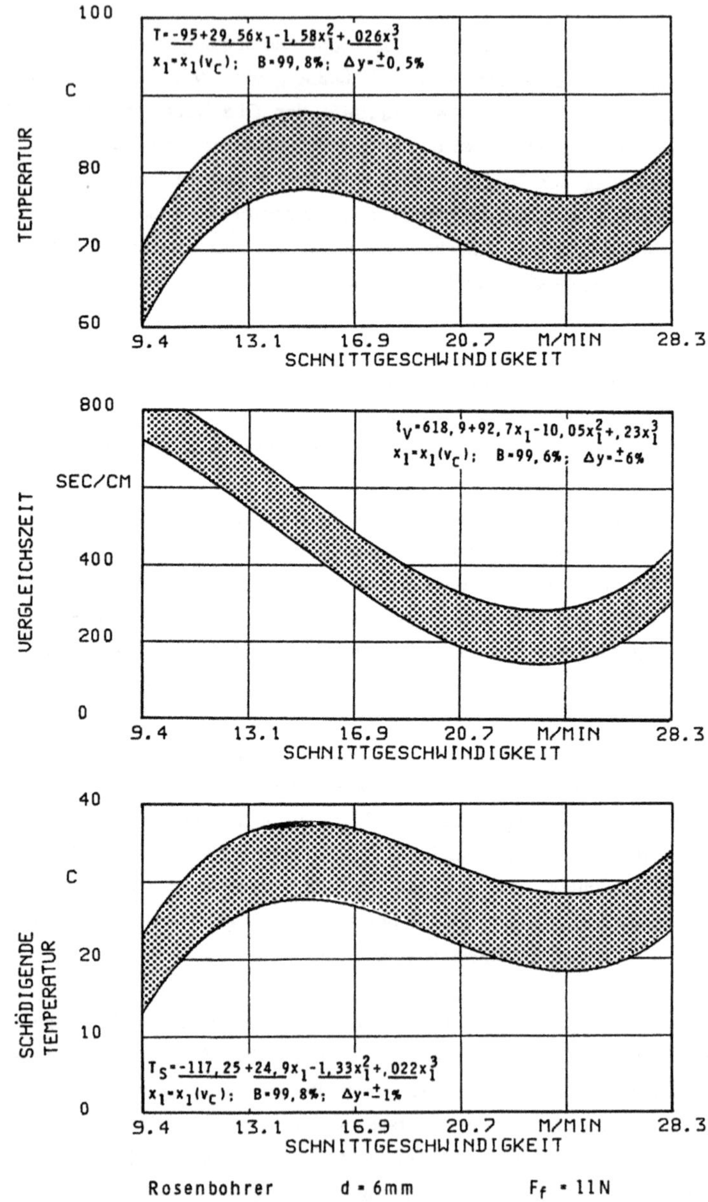

Bild 8.40 Temperatur, Vergleichszeit und schädigende Temperatur als Funktion von der Schnittgeschwindigkeit beim Fräsen mit Rosenbohrern

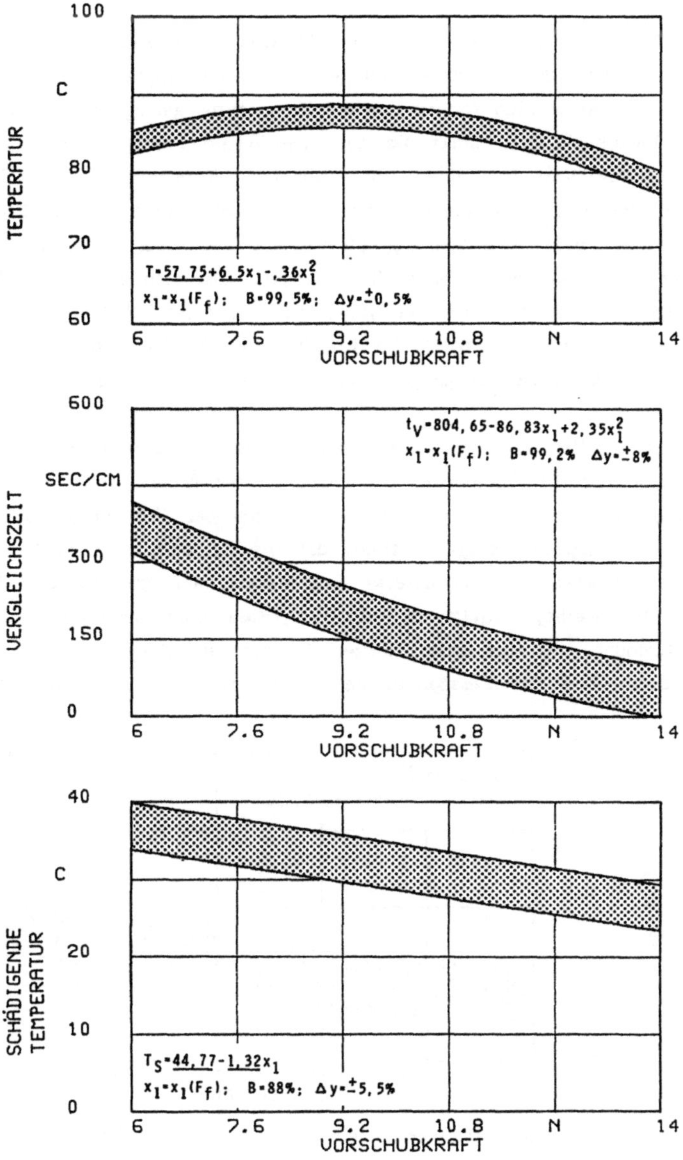

Rosenbohrer d = 6mm n = 1500 U/min

Bild 8.41 Temperatur, Vergleichszeit und schädigende Temperatur als Funktion von der Vorschubkraft beim Fräsen mit Rosenbohrern

Der Einfluß der Vorschubkraft ist in Bild 8.41 aufgezeichnet. Auch hier besitzt die Temperatur eine statistisch gesicherte Abhängigkeit. Über den gesamten Vorschubkraftbereich ändert sich die Temperatur gering. Bei höheren untersuchten Vorschubkräften sinkt sie ab. Die Vergleichszeit dagegen wird stark beeinflußt. Sie fällt fast linear mit steigender Vorschubkraft ab. Diese Abhängigkeit kehrt sich ab einer bestimmten Vorschubkraft um, weil der Spanraum für das zusätzliche Spanungsvolumen durch die Vorschubkrafterhöhung zu klein wird. Bei welcher Grenze dies eintritt, läßt sich aus diesen Versuchen nicht angeben. Gut läßt sich herleiten, daß mit einer Erhöhung der Vorschubkraft die thermische Belastung des Knochens sinkt. Die Schnittzeiten verkürzen sich und der Wärmeübergang in den Knochen wird geringer.

Als weiteres sollen zwei wichtige Parameter beim Fräsen untersucht werden. In Bild 8.42 ist die Temperatur als Funktion der Eindringtiefe des Rosenbohrers aufgezeichnet. Die Eindringtiefe ist gleich der Zustellung des Werkzeuges. Dieses Diagramm zeigt deutlich, daß die Temperatur stark mit der Eindringtiefe ansteigt. Die ermittelte Regressionsgleichung, die die Ergebnisse sehr gut beschreibt, enthält als variables Glied einen positiven Koeffizienten dritter Ordnung, der auf einen starken Temperaturanstieg hinweist. Durch die Eindringtiefe kann das Zerspanvolumen beim Fräsen vorbestimmt werden. Je

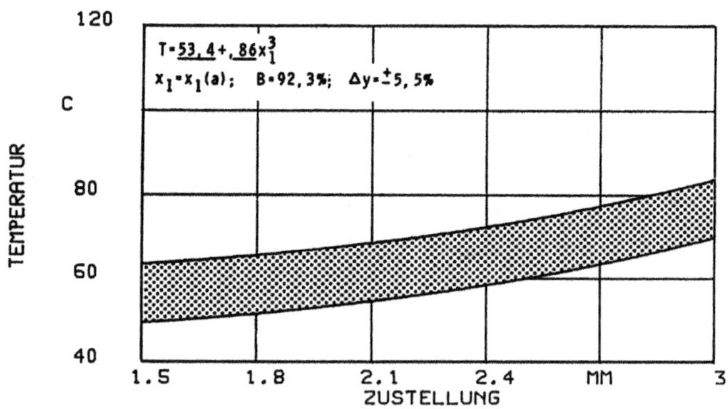

Rosenbohrer d = 6mm n = 1250U/min

p_f = 0,95 N/mm²

Bild 8.42 Temperatur als Funktion von der Eindringtiefe des Rosenbohrers beim Fräsen

mehr Material zerspant wird, um so mehr Energie wird benötigt. In gleicher Weise steigt dadurch die Temperatur im Knochen und die Spanabfuhr wird ungünstiger.

Als letztes wird noch die Temperatur entlang der Eindringtiefe des Rosenbohrers untersucht (Bild 8.43). Dies wird durch Variation der Lage des Thermoelementes zum Rosenbohrer so realisiert, daß die oberste Meßstelle 1 mm unterhalb der Knochenoberfläche, die unterste 0,6 mm unter der Fräsnut liegt. Über die Eindringtiefe des Rosenbohrers ergibt sich eine gute lineare Temperaturabhängigkeit. Die höchste Temperatur tritt oben an der Fräsnut auf. An dieser Stelle ergibt sich die höchste Schnittgeschwindigkeit und wegen des größten Durchmessers auch das größte Zerspanvolumen. Die tiefste Temperatur entsteht am Boden der Nut.

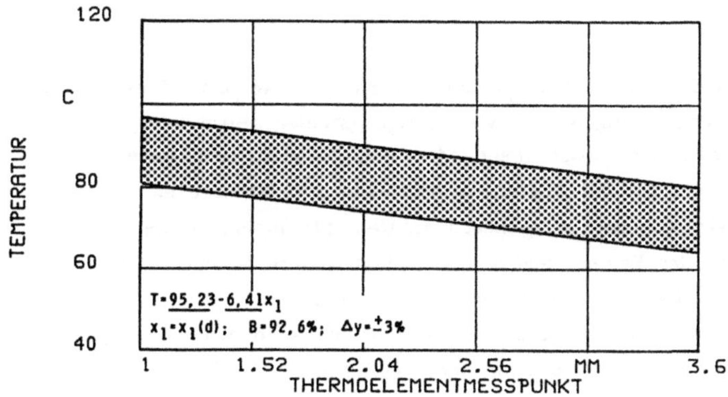

Rosenbohrer d = 6mm n = 1250 U/min
F_f = 11N

Bild 8.43 Temperatur entlang der Eindringtiefe des Rosenbohrers beim Fräsen

8.5.3.2. Oberflächengestalt beim Fräsen mit Rosenbohrern

In diesem Abschnitt soll die Oberflächengestalt, die man beim Fräsen mit diesen Werkzeugen erzielt, näher betrachtet werden. Eine typische Oberfläche des Fräskanals beim Rosenbohrer zeigt Bild 8.44. Deutlich sind entlang der

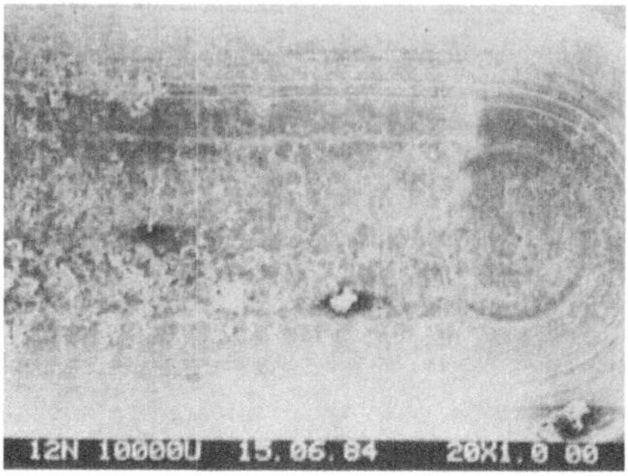

a, b,

Bild 8.44 Oberfläche beim Fräsen mit Rosenbohrern
a) V = 20 b) V = 40

Seitenwände des Fräskanals Längsriefen zu erkennen. Diese Riefen entstehen durch Unregelmäßigkeiten, wie Fertigungsfehler, Ausbrüche, usw.. In der Fräsnut verteilt finden sich mehr oder weniger viele sehr feine Späne, wie sie bei der Bearbeitung mit diesen mehrschneidigen Werkzeugen entstehen. Sie treten vereinzelt oder in größeren Haufen zusammengebacken auf. An der Austrittsseite des Fräsers aus dem Knochen (untere Bildhälfte) finden sich die größeren Spanmengen. An dieser Stelle, an der die Späne direkt nach dem Abtrennen mit ihrer höchsten Temperatur auf dem Knochen liegen bleiben, verkleben sie am schnellsten mit ihrer Unterlage.

Die Endausrundung der Fräsnut ist dagegen weitgehend spanfrei. Dies kann mit der Versuchsdurchführung erklärt werden. Die Bearbeitung des Knochens erfolgt bis zum Endanschlag. Erreicht das Werkzeug diesen Endanschlag, so verharrt es einige Zeit in dieser Position, bis der Antrieb abgeschaltet wird. Dadurch verbleiben keine Späne in diesem Bereich. Auch kann sich am Endanschlag das Werkzeug freischneiden. Dies kann man daran erkennen, daß die Endausrundung in ihrer Breite etwas größer ausfällt als die übrige Fräsnut. Mehr oder weniger stark ausgeprägt treten in der Endausrundung Querriefen auf, die ein vielfaches der Schneidenzahl darstellen. Die Riefen können durch Rundlauffehler, Unwuchten oder Selbsterregung im Schnittprozeß auftreten. Ebenso treten auch an der Seitenwand Marken auf, an der der Fräser aus dem Knochen tritt.

Etwas genauer sind diese Riefen in der Ausschnittsvergrößerung zu sehen (Bild 8.44,b). Sie bilden sich aus Kämmen und Ausbuchtungen. An den Kämmen und im Fräsnutgrund finden sich Spanablagerungen, die aus feinen Spänen zusammengebacken sind. Auch hier beim Fräsen ist die typische Knochenstruktur nicht zu erkennen. Die Kanälchen und Fasern sind vollkommen verschmiert.

Bei der Betrachtung der Oberflächengestalt in Abhängigkeit von den Schnittbedingungen ergibt sich folgendes Ergebnis.

- Mit steigender Schnittgeschwindigkeit nimmt die Rauheit der Oberfläche stark zu (Bild 8.45). Die Riefen treten bei der höchsten Schnittgeschwindigkeit (b) am ausgeprägtesten auf. Auch nimmt die Menge der Späne in der Fräsnut zu.

- Glatte Oberflächen treten bei niedrigen Schnittgeschwindigkeiten auf.

- Mit steigender Vorschubkraft wird die Oberfläche rauher.

- Mit steigender Vorschubkraft und Schnittgeschwindigkeit bleiben vermehrt größere Spanablagerungen auf der Oberfläche zurück.

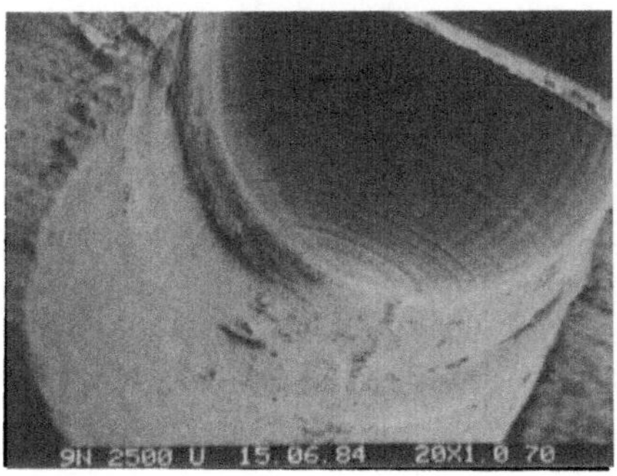

a,

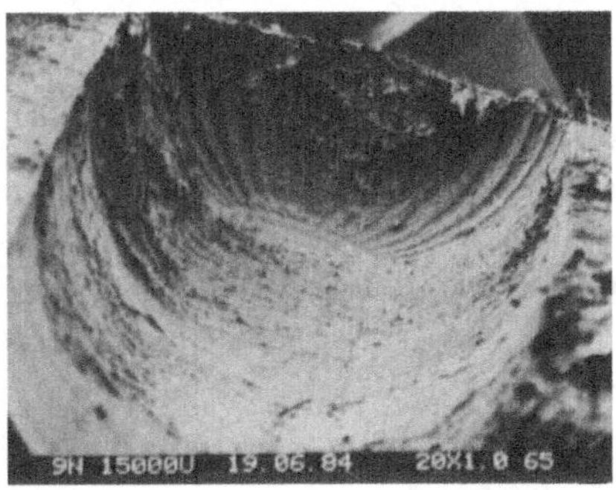

b,

Bild 8.45 Einfluß der Schnittgeschwindigkeit auf die Oberfläche beim Fräsen mit Rosenbohrern (V = 22)
a) v_c = 31,4 m/min b) v_c = 188,4 m/min

8.5.4. Vergleich des Rosenbohrers beim Bohren und Fräsen.

Da der Rosenbohrer zum Bohren und Fräsen eingesetzt wird, soll hier noch ein Vergleich dieser beiden Verfahren erfolgen. Dieser Vergleich ist als Abhängigkeit der Temperatur und der Vergleichszeit von der auf die Eingriffsfläche bezogenen Vorschubkraft in Bild 8.46 aufgezeichnet. Die Temperatur zeigt bei beiden Bearbeitungsverfahren ziemlich die gleiche Abhängigkeit. Mit steigender Vorschubkraft fällt sie ab. Auch die Abhängigkeit der Vergleichszeit ist identisch. Sie fällt sehr stark mit der steigenden Vorschubkraft ab. Daraus läßt sich folgendes Ergebnis herleiten, daß ein optimaler Schneidvorgang kurze Schnittzeiten besitzt und durch den daraus resultierenden geringeren Wärmeübergang auch niedrigere Temperaturen.

Beim Vergleich zwischen Bohren und Fräsen fallen die höheren Temperaturen beim Bohren auf. Dies kann folgendermaßen erklärt werden. Beim Bohren wird ein größeres Volumen zerspant. Ebenso werden die Späne, die ja den größten Teil der Wärmemenge aufnehmen, durch das ohnehin schon erwärmte Bohrloch abgeführt bzw. verbleiben dort und verursachen einen Wärmestau. Beim Fräsen ist die Späneabfuhr etwas günstiger. Die Vergleichszeit ist dagegen beim Fräsen etwas höher, weil sich der dünne Werkzeugschaft von 2,35 mm unter dem Vorschubgewicht leicht verbiegt.

Aus Bild 8.46 läßt sich ein weiteres Ergebnis ziehen. Bei diesen Versuchen wird mit einer höheren Schnittgeschwindigkeit gearbeitet, weil diese günstiger ist wie weiter oben festgestellt wurde. Vergleicht man dieses Bild mit den Bildern 8.37 und 8.41 wird es deutlich. Bei der höheren Schnittgeschwindigkeit liegt die Vergleichszeit sehr viel niedriger. Der Unterschied beträgt etwa das dreifache. Deshalb sollten diese Werkzeuge nur mit hohen Schnittgeschwindigkeiten gehandhabt werden. Bei hohen Schnittgeschwindigkeiten muß eine rauhe Oberflächengestalt mit tiefen Riefen als Nachteil berücksichtigt werden (s. Abschn. 8.5.3.).

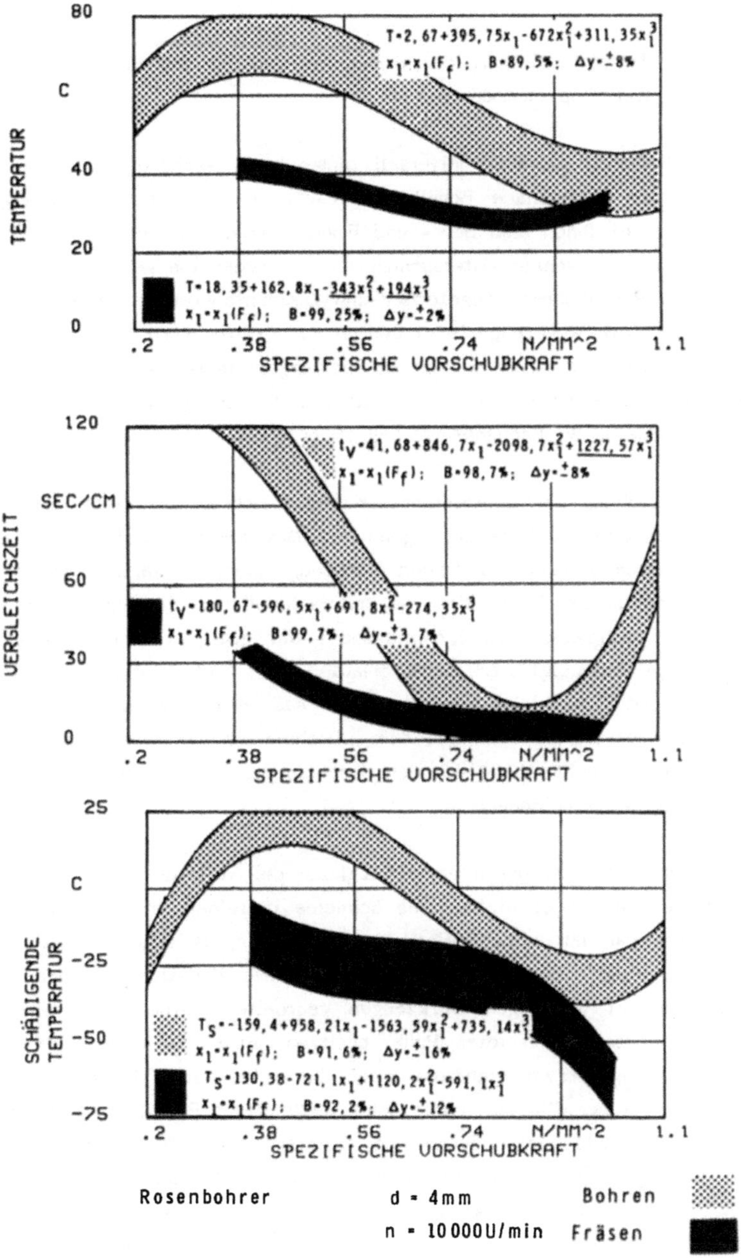

Bild 8.46 Vergleich des Rosenbohrers beim Bohren und Fräsen

8.5.5. Zusammenfassung der Ergebnisse von der spanenden Bearbeitung mit Kugelkopf-Werkzeugen

Kugelkopf-Werkzeuge sind universell einsetzbare Werkzeuge der Medizin. Mit ihnen werden hochgenaue Bohrlöcher gesetzt und Knochenpartien abgetragen. Es werden mit ihnen also Bohr- und Fräsaufgaben ausgeführt. Auf diesem Gebiet gibt es nur wenige Untersuchungen, so werden die gebräuchlichsten Werkzeuge wie Rosenbohrer, Kugelfräser und Diamantbohrer in dieser Arbeit untersucht. Da diese Werkzeuge beim Bohren und Fräsen ihren Einsatz finden, kommen sie auch mit diesen beiden Bearbeitungsverfahren zur Untersuchung. Die gefundenen Ergebnisse sollen dazu dienen, Vorschläge für einen verbesserten Einsatz und eine Werkzeugoptimierung zu erstellen.

Die Untersuchung des Bearbeitungsverfahrens Bohren mit diesen kugelförmigen Werkzeugen erbringt folgende Ergebnisse. Das beste thermische Verhalten besitzt der Rosenbohrer. Bei diesem Werkzeug sind auch verschiedene Werkzeugdurchmesser untersucht worden mit unterschiedlichen Ergebnissen. So sind die mittleren Durchmesser von 2,7 mm und 4 mm geeignet, der kleine Durchmesser von 1,4 mm neigt stark zum Verlaufen. Der große Durchmesser von 6 mm dagegen besitzt zu kleine Spanräume für das anfallende Spanvolumen. Genauso besitzt der Rosenbohrer mit dem Durchmesser von 6 mm in seiner Drehachse keine Schneiden, so daß sich dort ein toter Punkt ergibt, der den Zerspanvorgang stark behindert.

Dies zeigt sich auch durch einen Vergleich der verschiedenen Werkzeuge. Der Kugelfräser besitzt ebenfalls keine Schneide in seiner Drehachse und der Diamantbohrer gar nur viele kleine Diamantsplitter als Schneiden. Diese beiden Werkzeuge zeigen ein ungünstigeres thermisches Verhalten als der Rosenbohrer. Wenn mit derartigen Werkzeugen gearbeitet werden soll, dürfen sie in ihrer Drehachse keinen toten Punkt besitzen. Es sollte in der Drehachse eine Schneide mit größerem Spanraum ausgeführt sein, damit das Werkzeug zerspanen kann. Da der Diamantbohrer kaum nach dieser Richtlinie gestaltet werden kann und nur sehr kleine Spanräume besitzt, ist er für das Bohren von Knochen nicht geeignet. Vom Aufbau entspricht der Diamantbohrer einem Schleifwerkzeug, also einem Werkzeug mit geometrisch unbestimmten Schneiden. Aus diesem Grunde sollte der Diamantbohrer auch nur mit hohen Schnittgeschwindigkeiten (v_c = 140 - 200 m/min) und zum Abtragen von Knochen eingesetzt werden.

Da sich bei den untersuchten Schnittbedingungen keine gesicherte Abhängigkeiten ergeben, lassen sich nur tendentielle Änderungen angeben. Mit Erhöhung der Schnittgeschwindigkeit und der Vorschubkraft verkürzt sich der Bohrvorgang erheblich. Eine übermäßige Vergrößerung dieser Faktoren kehrt den Trend um. Ein optimaler Bereich für die Vorschubkraft liegt bei 1 - 3 N/mm^2 bezogen auf die Kreisfläche des Kugelkopfes und für die Schnittgeschwindigkeit bei 120 - 160 m/min.

Für das Abtragen von Knochen, also für das Fräsen, sind diese Kugelkopf-Werkzeuge geeigneter. Es treten beim Fräsen niedrigere Temperaturen auf als beim Bohren, da das Werkzeug nicht ständig mit dem Knochen in Berührung steht. Ebenso besitzt man beim Fräsen eine günstigere Spanabfuhr. Über die Einsatzbedingungen für das Fräsen lassen sich ähnliche Empfehlungen wie für das Bohren angeben. Mit steigender Schnittgeschwindigkeit und Vorschubkraft gestaltet sich der Fräsvorgang günstiger. Der Einfluß der Vorschubkraft ist ausgeprägter, denn mit Erhöhung der Vorschubkraft sinkt auch die Temperatur. Mit einem Kugelkopf-Werkzeug kann nur eine Schnittiefe erreicht werden, die dem Kugelradius entspricht. Größere Schnittiefen belasten den Knochen durch die entstehende Temperatur stark. Dies beinhaltet den Nachteil, daß dann öfters über die entsprechende Stelle gefräst werden muß, wodurch sich natürlich die Operation in die Länge zieht.

Im Hinblick auf ein gutes thermisches Verhalten sollte mit hohen Schnittgeschwindigkeiten und dem jeweilgen Durchmesser angepaßten Vorschubkräften gearbeitet werden. Im Hinblick auf die Oberflächengüte ergibt sich aber genau das entgegengesetzte Ergebnis. Bei niedrigen Vorschubkräften und Schnittgeschwindigkeiten entstehen glatte Oberflächen, bei hohen Schnittbedingungen treten dagegen stark zerstrümmerte und zerklüftete Oberflächen auf.

Vergleicht man das Bohren mit Rosenbohrern mit dem Bohren mit Spiralbohrern kommt man zu folgendem Ergebnis. Mit dem Spiralbohrer werden kürzere Bohrzeiten und geringere thermische Schädigungen erzielt. Auch neigt der Spiralbohrer nicht so stark zum Verlaufen. Es ist also für das schnelle Ausführen eines Bohrloches mit geringer thermischer und mechanischer Schädigung der Spiralbohrer das geeignetere Werkzeug. Denn der Rosenbohrer erreicht nur bei hohen Schnittgeschwindigkeiten die gleichen Werte aber mit einer stark zerklüfteten Oberfläche.

9. Zusammenfassung

In dieser Arbeit wird über die spanende Bearbeitung von Knochen berichtet. Diese Untersuchung erfolgt, weil der vermehrte Einsatz spanender Werkzeuge in der Medizin eine Optimierung erforderlich machen. Untersucht werden die wichtigsten Werkzeuge in Bezug auf thermisches Verhalten und Oberflächenausbildung. Der Spiralbohrer wird noch auf das Verhalten nach dem Durchbrechen durch die Kortikalis näher analysiert. Eine Grundlagenanalyse des Zerspanprozesses am Beispiel des Bohrens von Knochen gibt genauere Erkenntnisse über die spanende Bearbeitung von Knochen.

Neben der Freihandbearbeitung stellt der zu bearbeitende Werkstoff Knochen den größten Unterschied zur Metallbearbeitung dar. Der Knochen ist ein inhomogener und anisotroper Werkstoff, der noch am ehesten mit einem Verbundwerkstoff verglichen werden kann. Viele Faktoren beeinflußen seine Materialeigenschaften, wie z.B. Alter, Geschlecht, Spezies, Ort und Lage im Körper und Präparationszustand, ja sogar topographische Unterschiede treten auf. Aus diesen Gründen liegen relativ große Meßwertstreuungen und damit keine absolute Bestimmung der Ergebnisse vor. Bei einer sorgfältigen Vorgehensweise und Anwendung der Statistik ist bei Verwendung tiefgefrorener, feuchter Rinderknochen eine Übertragbarkeit der Ergebnisse auf den realen Einsatz im Operationssaal gewährleistet.

In Bezug auf die Spanbildung ist die Knochenbearbeitung mit der Bearbeitung von Metallen und Kunststoffen vergleichbar. Als Spanform treten Lamellenspäne auf, die sich in Abhängigkeit von Schneidengeometrie und Schnittbedingungen mehr oder weniger lang ausbilden. Bei der Betrachtung der Zerspankraft und der Zerspantemperatur können die Erkenntnisse aus der Metallbearbeitung bei Berücksichtigung der entsprechenden thermischen Eigenschaften übertragen werden.

In dieser Arbeit werden die Bearbeitungsverfahren Bohren, Sägen und Fräsen untersucht, um die Schädigung des Knochengewebes zu minimieren. Bei der Versuchsdurchführung ist die Freihandbearbeitung zu beachten. Dies wird am besten mit einer Versuchsdurchführung mit konstanter Vorschubkraft verwirklicht, weil sich dabei die Vorschubgeschwindigkeit in Abhängigkeit von der Knochenzusammensetzung frei einstellen kann. Bei der Betrachtung des Einflußes der Schnittbedingungen wird auch dies deutlich. Mit einer Erhöhung der Schnittgeschwindigkeit und der Vorschubkraft kann die Schnittzeit erniedrigt werden. Erhöht man diese beiden Werte über eine in Abhängigkeit von Bearbeitungsverfahren und Werkzeug bestimmte Grenze hinaus, tritt keine Verbesserung in der Schnittzeit auf. Der Knochen setzt dem Werkzeug einen zu großen Widerstand entgegen, daß sich der Schneidvorgang sogar verlängert. In Bezug auf die thermische Schädigung zieht eine Erhöhung der Schnittbedingungen eine Verbesserung nach sich, weil einerseits die Schnittzeit verkürzt wird und dadurch andererseits der Wärmestrom in den Knochen vermindert und die Knochentemperatur erniedrigt wird.

Aufgrund der Untersuchungen dieser Arbeit können folgende Ergebnisse und damit entsprechende Richtlinien für die spanende Knochenbearbeitung angegeben werden, die in Bild 9.1 zusammengestellt sind. Durch eine Optimierung der Schneidengeometrie der spanenden Werkzeuge lassen sich die Gefahren bei deren Einsatz minimieren. Der Drallwinkel der Werkzeuge soll klein gewählt werden. Für den Spiralbohrer läßt sich eine Richtgröße des Drallwinkels von 10° bis 14° angeben. Bei diesem kleinen Drallwinkel werden die Späne schnell von der Bearbeitungsstelle weggeführt und der Temperaturübergang bleibt gering. Auch neigt der Bohrer mit diesem Winkel nicht zum Einziehen nach dem Durchbrechen. Für den Spitzenwinkel läßt sich beim Spiralbohrer eine Richtgröße von 70° bis 80° angeben. Dieser kleine Spitzenwinkel besitzt den Vorteil einer guten Zentrierung, eines exakten Ansetzen des Spiralbohrers auf den Knochen und einer Schnittzeitverkürzung. Der Freiwinkel der spanenden Werkzeuge sollte möglichst groß gewählt werden, damit sich das Werkzeug freischneiden kann. Beim Spiralbohrer gilt als Richtwert für den Freiwinkel die Winkelgröße von 18° bis 24°. Ein Spiralbohrer mit diesem größeren Freiwinkel erlaubt erheblich kürzere Bohrzeiten und damit einen kleineren Wärmeübergang und eine geringere thermische Belastung für den Knochen. Durch eine Verkleinerung der Kerndicke des Spiralbohrers auf 10% des Gesamtdurchmessers werden eine bessere Zentrierbarkeit, niedrigere nötige Vorschubkräfte für ein Arbeiten und kürzere Bohrzeiten erreicht. Bei einer Gestaltung des Spiralbohrers nach diesen Richtlinien wird die Handhabung dieses Werkzeuges für den Operateur erleichtert.

Diese hier am Beispiel des Spiralbohrers angegebenen optimierten Schneidengeometriegrößen lassen sich auch entsprechend auf die anderen spanenden Werkzeuge übertragen. Die spanenden Werkzeuge sollten einen möglichst großen Spanwinkel besitzen. Dadurch werden bei der Spanabnahme die Späne weniger stark verformt. Das optimierte Werkzeug benötigt eine geringere Zerspanarbeit wo-

Schneidengeometrie		Einsatzbedingungen		
• Drallwinkel	(Spiralbohrer 10° - 14°)	• Vorschubkraft		
		Bohren	10 N/mmØ	
		Sägen	10 N/cm	
• Spitzenwinkel	(Spiralbohrer 70° - 80°)	Fräsen	3 N/mmØ	
		• Schnittgeschwindigkeit		
• Freiwinkel	(Spiralbohrer 18° - 24°)	Spiralbohrer	9 - 16 m/min	
		Sägewerkzeuge	80 - 120 m/min	
		Fräswerkzeuge	140 - 200 m/min	
• Kerndicke	(Spiralbohrer 0,1 d)			
		• Kühlung		
		Temperaturerniedrigung		
• Spanwinkel	groß	Späneabfuhr		
		• Werkzeugverschleiß	Einsätze	
• Spanraum	groß	Spiralbohrer	20 - 30	
		Sägen	100 - 150	
		Fräswerkzeuge	20 - 30	

Bild 9.1 Zusammenstellung der Ergebnisse, Richtlinien für die spanende Knochenbearbeitung

raus eine niedrigere Wärmeentwicklung resultiert. Auch der Spanraum sollte möglichst groß gewählt werden, damit die anfallende Spanmenge aufgenommen werden kann und eine gute Spanabfuhr von der Zerspanstelle gewährleistet ist. Besonders beim Einsatz eines Kühlmittels, bei dem die Späne zu einem dicken Brei zusammenbacken, ist die Gestaltung des Spanraumes von ausschlaggebender Bedeutung. Bei den Kugelkopf-Werkzeugen muß in der Drehachse eine Schneide ausgebildet sein, um sie zum Bohren einsetzen zu können. Diese kugelförmigen Werkzeuge, insbesondere der Diamantbohrer, sind eher zum Abtragen, also zum Fräsen, als zum Bohren geeignet.

Auch durch die Untersuchung der Einsatzbedingungen lassen sich Richtlinien für die Handhabung der spanenden Werkzeuge bei der Knochenbearbeitung angeben, bei deren Einhaltung die Risiken verringert werden können. Im Hinblick auf die Vorschubkraft nimmt die Schnittzeit bis zu einer bestimmten Grenze ab. Zu hohen Vorschubkräften stellt der Knochen einen größeren Widerstand entgegen mit einer unnötigen erhöhten thermischen Belastung. Als Richtlinie empfiehlt sich eine Vorschubkraft von etwa 10 N pro Millimeter Werkzeugdurchmesser beim Bohren bzw. pro Centimeter Eingriffslänge der Sägewerkzeuge, oder 3 N pro Millimeter Werkzeugdurchmesser beim Fräsen.

Auch für die Schnittgeschwindigkeit lassen sich optimale Bereiche angeben. Für den Einsatz von Spiralbohrern empfiehlt sich eine Schnittgeschwindigkeit von 9 - 16 m/min (n = 700 - 1200 U/min bei d = 4,5 mm). Der Richtwert für die Schnittgeschwindigkeit liegt bei den Sägewerkzeugen bei 80 - 120 m/min (n = 7500 - 12000 U/min) und bei den Fräswerkzeugen bei 140 - 200 m/min (n = 11000 - 15000 U/min bei d = 4 mm). Bei den Fräswerkzeugen ist hier zu beachten, daß für die Rosenbohrer eher die untere Hälfte des Schnittgeschwindigkeitsbereiches und für die Diamantbohrer die obere Hälfte einzuhalten ist. Der Unterschied der Schnittgeschwindigkeitsbereiche von Spiralbohrern, Sägen und Fräsen ergibt sich aus der unterschiedlichen Schneidengeometrie. Bei Werkzeugen mit kleinen Spanwinkeln benötigt man hohe Schnittgeschwindigkeiten.

Der Einsatz eines Kühlmittels, verwendet wird physiologische Kochsalzlösung, bringt eine zusätzliche Wärmeabfuhr und damit eine Verminderung der thermischen Belastung des Knochens. Auch werden durch das Kühlmittel die Späne aus dem Bearbeitungsbereich herausgespült, so daß nach einer spanenden Bearbeitung mit Kühlung die Oberfläche weitgehend spanfrei ist. Beim Einsatz der spanenden Werkzeuge darf die Abnützung nicht ohne Berücksichtigung bleiben. Der Spiralbohrer ist nach 20 - 30 Einsätzen soweit verschlissen, daß er nachgeschliffen werden muß. Mit einem Sägewerkzeug sind 100 - 150 Einsätze möglich. Gelangt die Säge dagegen bei einer Operation mit Metall in Berührung, wie z.B. Schrauben und Führungslineale, ist sie schnell unbrauchbar. Auch mit einem Fräswerkzeug empfiehlt es sich nur 20 - 30 Einsätze auszuführen.

Die Untersuchung der Oberflächenausbildung bei der Knochenbearbeitung führt zu beachtenswerten Ergebnissen. Beim Einsatz von Spiralbohrern treten nur geringe Abhängigkeiten von den Schnittbedingungen auf. Bei der Werkzeuggeometrie zeigt sich ein Einfluß vom Spitzenwinkel auf die Formgenauigkeit und vom Drallwinkel auf Ausbrüche auf der Oberfläche. Beim Sägen dagegen ergeben sich Rauheiten bis fast 0,1 mm. Diese Oberflächen sind mit sehr vielen Spänen bedeckt, die avitales Gewebe sind und eine große Gefahr von Infektionen in sich bergen. Beim Einsatz der kugelförmigen Fräswerkzeuge ergeben sich starke Abhängigkeiten von den Schnittbedingungen. Die aufgetretenen Oberflächen weisen auf eine Obliteration der Knochenkanäle mit Spänen hin, die die notwendige Versorgung der Zellen verhindert.

10. Literaturverzeichnis

/1/ Allgöwer, M. — Allgemeine und spezielle Chirurgie. Springer Verlag, Berlin-Heidelberg-New York (1976)

/2/ Amtmann, E.; H.P. Schmitt — Über die Verteilung der Corticalisdichte im menschlichen Femurschaft und ihre Bedeutung für die Bestimmung der Knochenfestigkeit. Zeitschrift für Anatomie und Entwicklungsgeschichte 127 (1968), S. 25-41

/3/ Bandemer, H. H. Bellmann — Statistische Versuchsplanung Mathematik Bd. 19/2 BSB B. G. Teubner Verlagsgesellschaft, Leipzig (1976)

/4/ Bandemer, H. H. Bellmann, W. Jung; Richter, — Optimale Versuchsplanung Deutsch-Taschenbücher 23, Verlag Harri Deutsch, Zürich, Frankfurt a.M., Thun, (1976)

/5/ Benninghoff, A. K. Goerttler — Lehrbuch der Anatomie des Menschen, Band 1, Hrsg. Ferner H., Staubesand J.; Urban & Schwarzenberg, München-Wien-Baltimore (1979)

/6/ Berg, R. — Thermometrische Untersuchungen beim Bohren in menschlicher Kompakta. Diss. Gießen (1976)

/7/ Biehl, G. — Gestaltfestigkeitsuntersuchungen von Osteosyntheseimplantaten Verlag der ssip-Schriften, Saarbrücken (1977)

/8/ Blank, D. — Systematische Abweichungen der Schnittkraftformeln sind Werkstückstoff bedingt Maschinenmarkt 90 (1984) Nr. 17, S. 331-334

/9/ Bleicher, P. — Bohren und Schleifen 1981 Die Quintessenz (1981) S. 1033-1044

/10/ Block, W. — Über das Verhalten des Knochens nach Bohren und Nageln und bei der Drahtextension. Arch. klin. Chir. Bd 137 (1925) S. 315-329

/11/ Box, G.E.P. K.B. Wilson — On the Experimental Attainment of Optimum Conditions J. Royal Statistical Society, S. B, Vol.13 (1951)

/12/ Churches, A.F. C.R. Hewkett, G.W. Ward — Bone reaction to Surgical Drilling and Pinning J. Biomechanics 13 (1980) S. 203-209

/13/ Daar, H. — Eine Systematik der geometrischen Beziehungen am Spiralbohrer Industrie-Anzeiger 90 (1968) Nr. 24, S. 27-30

/14/ Danis, A. — Etude de l'ossification dans les greffes de moelle ossuese, Acta medica belgica, Brüssel (1956)

/15/ Davis, J.K., C.J. Jackson, I. Scott, — The relationship between feed rate and point angle of a twist drill bit when drilling bone. Engineering in Medicine, MEP Ltd Vol9/3 (1980) S. 137

/16/ Dengel, D. — Möglichkeiten des Einsatzes statistischer Methoden als Entscheidungshilfen bei der Lösung werkstofftechnischer Probleme. Z. für wirt. Fertigung 71 (1976) Nr. 7, S. 298-303

/17/ Döderlein, G. — Die Trepanation aus ihrer Geschichte. Aesculap-Werke, Tuttlingen

/18/ Dörr, W.M., P.M Minderjahn, — Erfahrungen mit der intertochantären Osteotomie in der Koxarthrosebehandlung. Therapiewoche 32 (1982) S. 5242-5251

/19/ Eckert, E. — Einführung in den Wärme- und Stoffaustausch, 2.Aufl., Springer Verlag, Berlin-Göttingen-Heidelberg (1959)

/20/ Eichler, J. — Hitzeschäden am Knochen durch Kirschnerdrähte und Steinmann-Nägel, MOT-Heft 3 (1975) S. 70-72

/21/ Eichler, J., R. Berg, — Temperatureinwirkung auf die Kompakta beim Bohren, Gewindeschneiden und Eindrehen von Schrauben. Z. Orthop. 110 (1972) S. 909-913

/22/ Eitenmüller, J., E. Eisen, W. Reichmann, — Temperaturbedingte Veränderungen und Reaktionen des Knochens beim Anlegen von Bohrlöchern zur Durchführung von Osteosynthesen. Mit. f. Wissenschaft und Technik, Bd.VII (1978) Nr.4

/23/ Elsner, N. — Grundlagen der Technischen Thermodynamik. Akademie-Verlag, Berlin (1974)

/24/ Ernst, P. — Verschleißerfassung beim Bohren mit Wendelbohrern. Diss. Darmstadt (1978)

/25/ Evans, G.F. — Mechanical Properties of Bone. Charles C. Thomas, Springfield, Illinois (1971)

/26/ Fister, J., B.D. Gross, — A histologic evaluation of bone response to bur cutting with and without water coolant. Oral. Surgery, Vol. 49/2 (1980) S. 105-111

/27/ Förster, K. — Empirische Modelle für das funkenerosive Drahtschneiden. Kap. 7 aus: Untersuchung der technologischen und physikalischen Zusammenhänge beim funkenerosiven Drahtschneiden. Diss. TU - München (1979)

/28/ Fuchsberger, A. — Bohreroptimierung für die Orthopädie. Industrie-Anzeiger 105 (1983) Nr.26, S. 61-62

/29/ Göhrlich, W., E. Brug, — Vermeiden häufiger Fehler beim Gewindeschneiden bei Osteosynthesen. Unfallheilkunde 82 (1979) S. 369-373

/30/ Haase, W. — Wärmemessung im Augenblick der Knochenbrüche. Bruns' Beitr. klin. Chir. 164 (1936)

/31/ Häuser, K. — Anschliffarten von Spiralbohrern. Maschinenmarkt 68 (1962) Nr.18, S. 29-44

/32/ Hamperl, H. — Lehrbuch der Allgemeinen Pathologie und der Pathologischen Anatomie, 24./25. Aufl. Springer Verlag Berlin Göttingen Heidelberg (1960)

/33/ Haurowitz, F. — Eiweißdenaturierung, in Hoppe-Seyler/Thierfelder: Handbuch der physiologisch- und pathologisch-chemischen Analyse, Bd. IV, Teil 1, S. 450ff

/34/ Heinhold, J., K. Gaede, — Ingenieur-Statistik. Oldenbourg-Verlag, München-Wien, 4. Aufl. (1979)

/35/ Hiller, U. — Vergleichend methodische Untersuchungen zur REM-Präparation tiefzerklüfteter biologischer Objekte. LEITZ-Mitt. Wiss. u. Techn., Bd. VII (1979) Nr.5

/36/ Hippocrates — Gesammelte Werke. Hrsg. Robert Fuchs (1900)

/37/ Höding, L. — Optimierung der Spanleitstufengeometrie. Vortragstexte vom 4. Produktionstechnischen Seminar "Technologie der Spanbildung", IWB, TU-München (1978)

/38/ Hoffmann, V. — Beitrag zur Untersuchung der Zerspanbarkeit thermoplastischer Kunststoffe. Diss. TU-Berlin (1971)

/39/ Idelberger, K. — Lehrbuch der Orthopädie, 2. Aufl. Springer Verlag, Berlin-Heidelberg-New York (1975)

/40/ Jacob, C.H., M.H. Pope, J.T. Berry, F.T. Haoglund — A study of the bone machining process - orthogonal cutting. Journal of Biomechanics, Vol. 7, (1974) S. 131-136

/41/ Jacob, C.H., J.T. Berry, M.H. Pope — A study of the bone machining process - drilling. Journal of Biomechanics, Vol. 9, (1976) S. 343-349

/42/ Kienzle, O. — Die Bestimmung von Kräften und Leistungen an spanenden Werkzeugen und Werkzeugmaschinen. Z. VDI 94 (1952) Nr. 11/12, S. 299

/43/ Kirschner, H., W. Meyer, U. Bolz, Kalweit — Internally cooled burs and cutting instruments for bone surgery in oval and maxillotocial dentistry. Electromedica 3 (1976) S. 110-114

/44/ Klein, H.H. — Bohren und Aufbohren
Springer-Verlag, Berlin-Heidelberg-New York (1975)

/45/ Knauß, P. — Materialkennwerte und Festigkeitsverhalten des spongiösen und kompakten Knochengewebes am coxalen Human Femur
Diss. Uni Stuttgart (1980)

/46/ Kneser, K.-H. — Knochenstruktur als Verbundbau
Georg Thieme Verlag, Stuttgart (1958)

/47/ Krause, W.R., D.W. Bradburry, J.E. Kelly, — Temperatur elevations in orthopaedic cutting operations
Journal of Biomechanics, Vol. 15 (1982) S. 267-275

/48/ Kronenberg, M. — Grundzüge der Zerspanungslehre, Bd. II, 2. Aufl.
Berlin-Göttingen-Heidelberg, Springer Verlag (1963)

/49/ Kummer, B. — Biomechanics of Bone: Mechanical Properties, Functional Structure, Functional Adaption, aus:
Fung, Y.C., Perrone, N. und Anliker, M.
Biomechanics, Its. Foundations and Objectives,
Prentice-Hall, Inc. Englewood Cliffs, New Jersey (1972)

/50/ Kummer, B. — Statik und Dynamik des menschlichen Körpers, aus:
Lehmann: Handbuch der gesamten Arbeitsmedizin,
Bd. I, Arbeitsphysiologie, Urban & Schwarzenberg,
Berlin-München-Wien (1961) S. 9-65

/51/ Lehnartz, E. — Einführung in die chemische Physiologie
Springer Verlag, Berlin-Heidelberg-New York (1959)

/52/ Lendrodt, J., H.G. Bull — Tierexperimentelle Untersuchungen zur Frage der Knochenregeneration nach Bohrvorgängen in Knochen
Dtsch. zahnärztl. Z. 31 (1976) S. 115-124

/53/ Lössl, G. — Beurteilung von Schneidstoffen mit der Wärmeeindringfähigkeit, 4. Produktionstechnisches Seminar
IWB, TU-München (1979)

/54/ Ludewig, R. — Temperaturmessung beim Knochensägen
Diss. Gießen (1971)

/55/ Lundskog, J. — Heat and Bone Tissue
Diss. Göteborg (1972)

/56/ Mashua, J.R. — Torsionssteifigkeit und Bohrverhalten von Spiralbohrern mit Sonderprofil, Forschungsberichte für die Praxis, Carl Hanser Verlag, München-Wien (1980)

/57/ Matthews, L.S., C. Hirsch — Temperatures measured in human cortical bone when drilling, Journal of Bone and Joint Surgery, Vol.7 (1972) S. 297-308

/58/ Milberg, J.
A. Fuchsberger
Erstellung von Richtwerten für die spanende Bearbeitung von Knochen.
Teilbericht I und II, IWB TU-München (1981, 1983)

/59/ Milberg, J.
A. Fuchsberger
Möglichkeiten zur Verminderung der thermischen Schädigung des Knochens beim Einsatz von Spiralbohrern in der Osteosynthese
Biomedizinische Technik 29 Nr. 12 (1984) S.309ff

/60/ Mittelmeier, H.
Eine neue oscillierende Sicherheitsbohrmaschine für die Osteosynthese - "Oscilair"
med.-orthop.-Techn. 101 (1981) S. 43-47

/61/ Moritz, M.D.
F.C. Henriques
Studies of thermal injury. II. The relative Importance of Time and Surface temperature in the causation of cutaneous burns.
Am. Journal Path. 23 (1947) S. 695-720

/62/ Müller, M.E.
M. Allgöwer
H. Willenegger
Manual der Osteosynthese (AO-Technik)
Springer Verlag, Berlin-Heidelberg-New York (1969)

/63/ Münzenberg, K.J.
Die Bedeutung der Matrix, insbesondere des Kollagens bei Knochentransplantationen.
Arch. Orthop. Unfall-Chir. 64 (1968) S. 111-115

/64/ Münzenberg, K.J.
G. Flajs
J. Roggatz
Rasterelektronenmikroskopische Untersuchung krankhafter Knochenstrukturen, insbesondere bei Ostitis deformans Paget
Zeitung für Orthopädie 108 (1971) S. 760-767

/65/ Nickel, R.
A. Schummer
E. Seiferle
Lehrbuch der Anatomie der Haustiere, Bd. I, 4.Aufl.
Verlag Paul Parey, Berlin-Hamburg (1977)

/66/ Ohnsorge, J.
Festkörperflächenuntersuchung mit Hilfe des Rasterelektronenmikroskops
Zeitung für Orthopädie 107 (1970) S. 213-220

/67/ Perren, S.M.
The reaction of cortical bone to compression
Acta orth. Scand. Suppl. 125 (1969) Munksgaard Copenh.

/68/ Perrone, M.A.
Physiologic and histologic response to bone cutting with rotary instruments. A review of the literature.
J. Am. Pediat. Ass. 62 (1972) S. 413-424

/69/ Pfefferkorn, G.
L. Reimer
Raster-Elektronen-Mikroskop
Springer Verlag (1977)

/70/ Pope, M.H.
J.D. Outwater
Mechanical Properties of Bone as a Function of Position and Orientation
Journal of Biomechanics, Vol. 7 (1974) S. 61-66

/71/ Povacz, F. — Verbrennungsschaden an der Tibiadiaphyse nach Marknagelung mit Aufbohren
Unfallheilkunde 82 (1979) S. 126-129

/72/ Pschyrembel — Klinisches Wörterbuch, 253. Aufl.
Walter de Gruyter-Verlag, Berlin-New York (1977)

/73/ Reumath, H. — Die Rasterelektronenmikroskopie
Deutsche Medizinische Wochenschrift, 94 (1969)

/74/ Röhlke, G. — Der Anschliff von Wendelbohrern
Werkstattstechnik und Maschinenbau, 47 (1957) Nr. 5

/75/ Saha, S., S. Pal, J.A. Albright — Surgical Drilling: Design and performance of an Improved drill
J. Biomechanical Engineering, Vol. 104 (1982) S. 245

/76/ Schallbroch, H. — Bohrarbeit und Bohrmaschine
Carl Hanser Verlag, München (1951)

/77/ Schallbroch, H., J. v.Poblotzki — Auswirkungen der Schneidenformen von Reibahlen und der Schnittbedingungen auf die Eigenschaften der Bohrung. Ber. IWF TU-Berlin (1967)

/78/ Schallbroch, H., E. Mayer — Die Messung der Schnittemperaturen beim Drehvorgang durch Anwendung der Infrarot-Foto-Thermometrie, Eurofamilia GmbH, Gelsenkirchen (1966)

/79/ Schiebler, T.H. — Lehrbuch der gesamten Anatomie des Menschen, 3.Aufl. Springer Verlag, Berlin-Heidelberg-New York (1983)

/80/ Schmidt, A.O., J.R. Roubik — Distribution of Heat Generated in Drilling
Transactions of the ASME 71 (1949) Vol.71 S.245-252

/81/ Schmitt, H.P. — Über die Beziehungen zwischen Dichte und Festigkeit des Knochens am Beispiel des menschlichen Femur
Z. f. Anat.u. Entw. 127 (1968) S. 1-24

/82/ Schütz, E., K.E. Rothschuh — Bau und Funktionen des menschlichen Körpers
Urban & Schwarzenberg, München-Berlin-Wien (1976)

/83/ Schubert, G.E., B.A. Bethke — Lehrbuch der Pathologie
Walter de Gruyter, Berlin-New York (1981)

/84/ Schweiberer, L., M. Lindemann — Infektion nach Marknagelung
Der Chirurg 44 (1972) S. 542-548

/85/ Sequin, F., R. Texhammer — Das AO-Instrumentarium, Anwendung und Wartung
Springer Verlag, Berlin-Heidelberg-New York (1980)

/86/ Spur, G. — Beitrag zur Schnittkraftmessung beim Bohren mit Spiralbohrern unter Berücksichtigung der Radialkräfte
Diss. TH Braunschweig (1960)

/87/ Ständer, H. — Bohrungsqualität beim Bohren mit Spiralbohrern Werkstattstechnik 56 (1966) Nr. 11, S. 546-554

/88/ Stange, K. — Angewandte Statistik, II. Teil: Mehrdimensionale Probleme. Springer Verlag, Berlin-Heidelberg-New York

/89/ Stürmer, K.M., W. Schuchardt, E. Tammen — Intramedulläre Temperaturentwicklung und ihre Folgen nach der Aufbohrung der Markhöhle bei der Marknagel-Osteosynthese, Langenbecks Archiv für Chirurgie, Springer Verlag, Berlin-Heidelberg-New York (1981)

/90/ Stürmer, K.M., W. Schuchardt — Intramedulläre Druckentwicklung und ihre Folgen bei der Marknagel-Osteosynthese Langenbecks Archiv für Chirurgie (Suppl.), Chirurgie Forum, Springer Verlag, Berlin-Heidelberg-New York, (1979) S. 207-211

/91/ Stürmer, K.M., W. Schuchardt — Neue Aspekte der gedeckten Marknagelung und des Aufbohrens der Markhöhle im Tierexperiment
I. Die Schafstibia als Tiermodell für die Marknagelung, Unfallheilkunde 83 (1980) S. 341-345

II. Der intramedulläre Druck beim Aufbohren der Markhöhle, Unfallheilkunde 83 (1980) S. 346-352

III. Knochenheilung, Gefäßversorgung und Knochenumbau, Unfallheilkunde 83 (1980) S. 433-445

/92/ Stuhler, Th. — Manual für den Fixateur externe Aesculap-Wissenschaftliche Informationen (1980)

/93/ Ulrici, E. — Ensteht beim Knochenbruch an der Bruchenden eine meßbare Temperaturerhöhung Diss. Berlin (1938)

/94/ Victor, H. — Beitrag zur Kenntnis der Schnittkräfte beim Drehen, Hobeln und Bohren. Diss. TH Hannover (1956)

/95/ Vinz, H. — Die Änderung der Materialeigenschaften und der stofflichen Zusammensetzung des kompakten Knochengewebes im Laufe der Altersentwicklung Habilitation Magdeburg, Nova Acta Leopoldina, Bd. 35 Johann Ambrosius Barth, Leipzig (1970)

/96/ Waldeyer, A. — Anatomie des Menschen, 1. Teil, 10. Aufl. Walter de Gruyter, Berlin-New York (1974)

/97/ Weiß, Z., E. Weiß — Eine Methode zur Optimierung der Bearbeitungsparameter in der Fertigungstechnik. Zeitschrift für wirtschaftliche Fertigung 70 (1975) 2, S. 85-88

/98/ Weller, S. Vermeidung technischer Fehler bei der operativen Behandlung von Frakturen
Der Chirurg 43 (1972) S. 100-104

/99/ Wiggins, K.L.
S. Malkin
Drilling of Bone
J. Biomechanics, Vol. 9 (1976) S. 553-559

/100/ Witte, L. Spezifische Zerspankräfte beim Bohren und Drehen
Diss. RWTH-Aachen (1980)

/101/ Handbuch für Kleinhärteprüfgerät Leitz Durimet

/102/ Motorensysteme, Aesculap-Prospekt 103-C-880/5
Auflage VI

/103/ Meyers enzyclopädisches Lexikon in 25 Bdn.
Bd. 13, 9. Aufl. (1980)

GPSR Compliance

The European Union's (EU) General Product Safety Regulation (GPSR) is a set of rules that requires consumer products to be safe and our obligations to ensure this.

If you have any concerns about our products, you can contact us on ProductSafety@springernature.com

In case Publisher is established outside the EU, the EU authorized representative is:

Springer Nature Customer Service Center GmbH
Europaplatz 3
69115 Heidelberg, Germany

Batch number: 10682421

Printed by Printforce, the Netherlands